Robert Sturm

Computermodelle zur Reproduktion und Entwicklung hemimetaboler Insekten

VORWORT

In der Insektenkunde gibt es etwa seit den 1920er Jahren das Bestreben, physiologische Prozesse wie Fortpflanzung und Wachstum anhand möglichst einfacher mathematischer Modelle zur Darstellung zu bringen. So gelangte man bereits sehr früh zu der Erkenntnis, dass die Fekundität als Funktion der sogenannten Wärmesumme (= Umgebungstemperatur x Zeit) aufzufassen sei. Zudem konnte man feststellen, dass zahlreicher abiotische und biotische Faktoren auf die oben genannten physiologischen Prozesse direkten oder indirekten Einfluss nehmen. Seit den 1970er Jahren spielen Computermodelle in der Entomologie eine maßgebliche Rolle; diese wurden in den vergangenen vier Dekaden einer fortwährenden Entwicklung unterzogen, welche auch gegenwärtig noch nicht als beendet angesehen werden darf.

Zahlreiche hemimetabole Insekten treten einerseits in der Landwirtschaft als Schädlinge auf und dienen andererseits bei größeren Zuchten als beliebte Nahrungstiere. Gerade aufgrund dieser beiden Eigenschaften gilt die genaue Kenntnis ihrer Entwicklungszyklen gleichermaßen als essenzielle Grundlage für die Schädlingsbekämpfung und die Zuchtoptimierung. Im vorliegenden Buch sollen ausgewählte mathematische Modelle zu Reproduktion sowie Embryo- und Nymphogenese der Hemimetabola zur Vorstellung kommen. Nach theoretischer Abhandlung der einzelnen Näherungen erfolgt deren gezielte Validation anhand von passenden experimentellen Daten. Letztendlich soll die Frage diskutiert werden, inwieweit derartige theoretische Ansätze überhaupt als Unterstützung für die entomologische Forschung gelten können.

Robert Sturm, Herbst 2019

INHALTSVERZEICHNIS

1 – EINLEITUNG 6

    1.1 Reproduktion und Entwicklung hemimetaboler Insekten 6

    1.2 Mathematische Modelle in der Entomologie 15

    1.3 Zielsetzungen des vorliegenden Buches 20

2 – COMPUTERMODELLE ZUR FEKUNDITÄT
AUSGEWÄHLTER HEMIMETABOLA 22

    2.1 Modellbeschreibung 22

    2.2 Modellanwendung und -validation 32

    2.3 Modellvorhersagen und ihre Verwendung 36

    2.4 Zusammenfassende Bemerkungen 40

3 – COMPUTERMODELLE ZUR EMBRYOGENESE
AUSGEWÄHLTER HEMIMETABOLA 42

    3.1 Modellbeschreibung 42

    3.2 Modellanwendung und -validation 54

    3.3 Modellprädiktionen 58

    3.4 Zusammenfassende Bemerkungen 65

4 – COMPUTERMODELLE ZUR NYMPHOGENESE
AUSGEWÄHLTER HEMIMETABOLA 67

    4.1 Modellbeschreibung 67

    4.2 Modellanwendung und -validation 79

    4.3 Modellprädiktionen 85

    4.4 Zusammenfassende Bemerkungen 91

5 – DISKUSSION UND SCHLUSSFOLGERUNGEN 93

6 – LITERATUR 99

1 – EINLEITUNG

1.1 Reproduktion und Entwicklung hemimetaboler Insekten

Hemimetabole Insekten zeichnen sich im Allgemeinen durch eine unvollständige Entwicklung aus und stehen damit im Gegensatz zu den holometabolen Kerbtieren. Bei der ersten Gruppe tritt zwischen Embryonal- und Adultstadium lediglich die sogenannte Nymphogenese, innerhalb welcher die Jungtiere schrittweise an den Habitus der ausgewachsenen Individuen herangeführt werden. Die frisch geschlüpften Nymphen besitzen schon die Grundgestalt der Adulttiere und nähern sich mit jedem durchlaufenen Häutungsstadium immer mehr deren Größe und Aussehen an. Bei den holometabolen Insekten folgt auf die Embryonalentwicklung eine aus mehreren Phasen bestehende Larvogenese, die ihrerseits von einem oder mehreren Puppenstadien abgelöst wird. Als Resultat der Verpuppung entsteht die voll ausdifferenzierte Imago, welche zum sofortigen Eintritt in den Reproduktionszyklus befähigt ist. Larven und Adulttiere der Holometabola sind teils durch unterschiedliche Lebensweisen und Habitate charakterisiert und können völlig unterschiedliche Körperformen aufweisen. Als Beispiele seien in diesem Zusammenhang die Köcherfliegen (Trichoptera), Eintagsfliegen (Ephemeroptera), Schmetterlinge (Lepidoptera) oder Stechmücken (Culicidae) genannt [1-5].

Hemimetabole Insekten, welche unter anderem die Geradflügler (Orthoptera) und zahlreiche Käfer (Coleoptera) umfassen, pflanzen sich getrennt geschlechtlich fort, wobei die Männchen während des Paarungsprozesses oftmals eine mit zahlreichen Keimzellen (Spermatozoen) gefüllte Spermatophore an das Weibchen übertragen. Die Zellen werden in weiterer Folge über eine tubuläre Struktur (Spermatophorenschlauch) in das Receptaculum seminis (Spermatheka) geleitet, wo sie für unbestimmte Zeit gelagert werden können. Bei der Befruchtung der Eier werden die Spermatozoen durch die motorische Aktivität des

1. Einleitung

Ductus receptaculi aus dem Speicherbehälter in Richtung Genitalkammer gepumpt und einzeln über die aus dem unpaaren Oviduct herantransportierten Eier geleitet, wo sie über kleine Öffnungen (Mikropylen) und die Plasmaschicht zum Zellkern vordringen können [6-15].

Die Ablage der befruchteten Eier erfolgt bei zahlreichen Hemimetabola unter Zuhilfenahme eines speziellen Legebohrers (Ovipositor), durch welchen die künftige Nachkommenschaft in das schützende Erdreich verfrachtet wird. Die Anzahl der vom Weibchen produzierten und in der Umgebung deponierten Eizellen hängt zahlreichen Studien zufolge von einer Vielzahl an exogenen Faktoren ab, unter denen die Umgebungstemperatur, der Tag-Nacht-Zyklus (Photoperiode), die intra- und interspezifische Konkurrenz sowie das Nahrungsangebot eine besondere Rolle spielen dürften. So konnte etwa anhand von Laborversuchen herausgefunden werden, dass höhere Temperaturen die Stoffwechselrate und damit verbundene Fekundität der Tiere zu steigern vermögen. Karnivore Weibchen sind in manchen Fällen zur Ablage von doppelt so vielen Eiern wie ihre herbivoren Artgenossinnen befähigt, und ein dauerhafter Anstieg des Konkurrenzdrucks hat eine stetige Verringerung der reproduktiven Kapazität zur Folge [16-25].

Die zu Beginn des Entwicklungsprozesses stattfindende Embryogenese oder Keimesentwicklung zeichnet sich vornehmlich dadurch aus, dass die befruchtete Eizelle (Zygote) einen komplexen Zellteilungs-, Wachstums- und Differenzierungsprozess durchläuft. Die Dauer des embryonalen Stadiums zeichnet sich im Allgemeinen durch eine hohe Variabilität aus. Innerhalb der großen Gruppe der Orthopteren erstreckt sie sich bei gegebener Temperatur von 13 Tagen im Falle der Wanderheuschrecke *Locusta migratoria* bis zu 85 Tage im Falle der Stabheuschrecke *Carausius morosus*. Steigende Umgebungstemperaturen haben generell eine Verkürzung der Embryogenesedauer zur Folge [1-5, 26-30].

Die einzelnen Phasen der Keimesentwicklung lassen sich recht klar am Beispiel der oben genannten Wanderheuschrecke darlegen (Abb. 1).

1. Einleitung

Die Eizelle dieses Organismus verfügt über einen für hemimetabole Insekten typischen Dotterreichtum (Polylezithie) und eine im Verhältnis dazu deutliche Armut an Plasma. Dieses nimmt im Ei eine periphere Position ein und legt sich demzufolge unmittelbar an die Eihaut (Chorion) an. Die Embryogenese beginnt mit der sogenannten Primitiventwicklung, die ihrerseits durch die superfizielle Furchung ihre Einleitung findet. Bei diesem Furchungstyp teilt sich der befruchtete Eikern in mehreren Zyklen, was die Bildung der Tochterkerne zur Folge hat. Letztere stoßen sich gegenseitig ab und formen dabei eine einschichtige, locker organisierte Zelllage, das Blastoderm. Dieses wiederum repräsentiert die Basis der Keimanlage, aus welcher im weiteren Verlauf der Entwicklung der zweischichtige Keimstreif entsteht. Am Keimstreif ist bereits die spätere Segmentierung des Insekts ansatzweise erkennbar, wobei sich der Kopf in diesem frühen Stadium der Embryogenese aus seinen ursprünglichen drei Segmenten (Mandibel-, erstes und zweites Maxillensegment) zusammensetzt, der Hinterkörper hingegen anfangs noch ungegliedert bleibt und seine elf Segmente erst mit weiterer Fortdauer des Prozesses entwickelt [5, 31, 32].

Etwa zeitgleich mit der Segmentierung erfolgt die Anlage der Körpergliedmaßen und Keimhüllen. Zudem kommt es zur Ausdifferenzierung der Leibeshöhle (Coelom), womit letztendlich die Körpergrundgestalt des Tieres ihre endgültige Definition erfahren hat. Es folgt nun die Keimesbewegung (Blastokinese), welche eine Umrollung des Embryos mit nachfolgender Kontraktion und Umorientierung des Keimstreifs beinhaltet. Durch den letztgenannten Vorgang wird der Keim wieder in seine Normalposition relativ zum Dottersystem gebracht, wodurch die Eröffnung der sogenannten Amnionhöhle vonstattengehen kann. Der Entwicklungsabschnitt findet mit der Einleitung des dorsalen Verschlusses des Embryos schließlich sein Ende [5, 31, 32].

Auf die Keimesbewegung folgt in einem weiteren Abschnitt der Embryogenese die Definitiventwicklung, welche die Ausbildung der Körperorgane und deren vollständige histologische Differenzierung umfasst. Den Abschluss der Embryonalentwicklung bildet das Verschließen

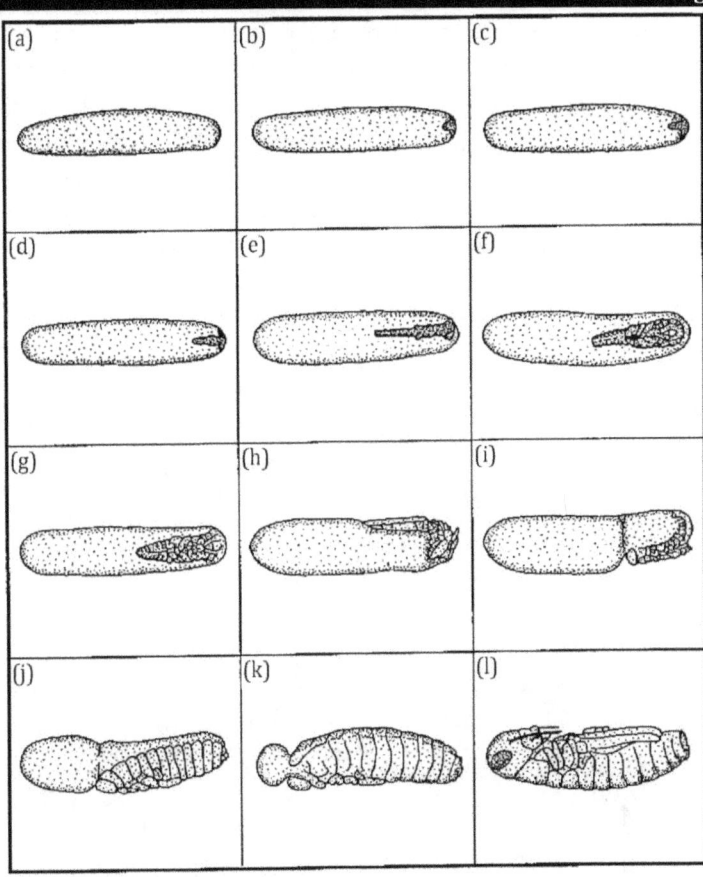

Abb. 1: Einzelne Phasen der Embryonalentwicklung der Wanderheuschrecke *Locusta migratoria*: (a)-(c) superfizielle Furchung und Ausgestaltung des Blastoderms, (d)-(f) Entwicklung von Keimband und verschiedenen Keimblättern, (g)-(i) Entstehung des fundamentalen Körperbauplans und sogenannte Blastokinese, (j)-(l) Reorientierung des Embryos, Entwicklung des Amnions und abschließender Differenzierungsprozess [5].

des Rückens, das durch das dorsale Überwachsen des Amnions und dessen allmähliche Degenerierung zur Realisierung gelangt [5, 31, 32].

Der auf die Keimesentwicklung folgende Schlüpfvorgang ist durch das Aufreißen der Eihülle dorsal hinter dem Kopf gekennzeichnet. Die Eröffnung des Eies an seiner Sollbruchstelle erfolgt einerseits durch intensive Körperbewegung, andererseits aber auch durch das Ein- und Ausstülpen zweier in der Halsregion sitzender Ampullen (Abb. 2) [5].

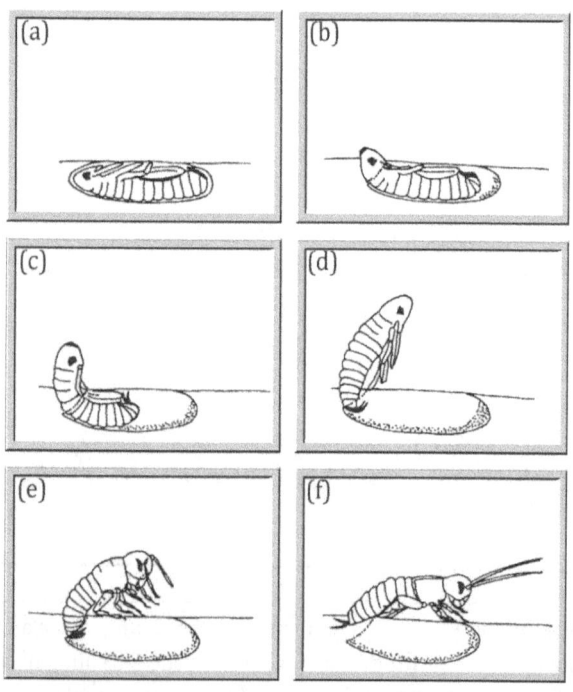

Abb. 2: Verschiedene Stadien des Schlüpfvorgangs bei hemimetabolen Insekten: (a) Ausgangssituation, (b) Durchbrechen der Eimembran an vorgegebener Sollbruchstelle, (c)-(e) Schlüpfprozess mit Entfaltung der Extremitäten, (f) aus dem Ei geschlüpfte Nymphe [5].

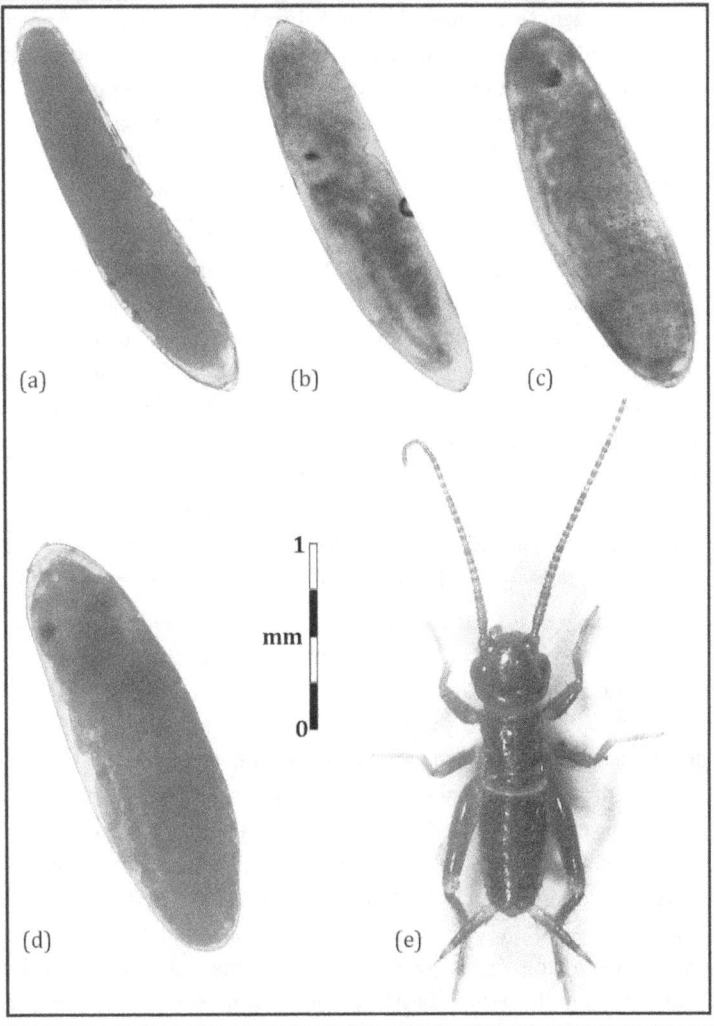

Abb. 3: Verschiedene Phasen der Embryonalentwicklung am Beispiel der australischen Feldgrille *Teleogryllus commodus*: (a) frühes Stadium, (b)-(d) späte Stadien, (e) aus dem Ei geschlüpfte Nymphe [5].

1. Einleitung

Die Embryogenese der australischen Feldgrille *Teleogryllus commodus* ist direkt mit jener der Wanderheuschrecke vergleichbar und durchläuft ebenfalls die zuvor beschriebenen Phasen. Um einen geeigneten mikroskopischen Einblick in dieses Entwicklungsstadium hemimetaboler Insekten zu erlangen, sind einzelne Eier nach einem speziellen Verfahren zu fixieren, durch welches das Chorion seine Intransparenz verliert und der Körper des Keims ersichtlich wird (Abb. 3) [5, 31].

Die Jugendentwicklung, welche bei den Hemimetabola mit dem Terminus Nymphogenese belegt ist, zeichnet sich im Wesentlichen dadurch aus, dass die Jungtiere eine gewisse, von Spezies zu Spezies unterschiedliche Anzahl an Häutungsstadien durchlaufen, die eine kontinuierliche Angleichung der Nymphe an das Adulttier zur Folge haben (Abb. 4, 5). Innerhalb der Grillentiere schwankt die Zahl der Häutungen zwischen fünf und 14, wobei zum Teil sehr starke intraspezifische Variationen hinsichtlich dieses Parameters vorliegen. Die Dauer der Nymphogenese zeichnet sich ebenfalls durch signifikante Schwankungen aus und beträgt je nach Grillenart ein bis sechs Monate [5, 33-35].

Die Nymphogenese umfasst im Allgemeinen intensive Prozesse der Zellteilung und des zellulären Wachstums, welche zu einem kontinuierlichen Anstieg von Körpergewicht und Körperlänge des Jungtieres führen. Der Wachstumsprozess wird durch eine fortwährende Veränderung der Körperproportionen begleitet, wobei der Kopf im Verhältnis zu Thorax und Abdomen sukzessive an Dominanz verliert und der Hinterleib zum vorherrschenden Körperabschnitt avanciert. In der zweiten Hälfte der Jugendentwicklung erfolgt zunächst die Anlage der Flügel, an deren Anfang die Ausbildung der lateralen und dorsalen Flügelscheiden steht. Diese initialen Flügelelemente erfahren im weiteren Entwicklungsverlauf zwar eine permanente Größenzunahme, erhalten ihre abschließende Gestalt jedoch erst nach der Adulthäutung. Bei weiblichen Nymphen formt sich aus den beiden terminalen Hinterleibsegmenten der Legebohrer, welcher mit jeder Häutung an Länge zunimmt. Die der akustischen Sinneswahrnehmung dienenden Tympanalorgane werden erst in der letzten Phase der Nymphogense aus-

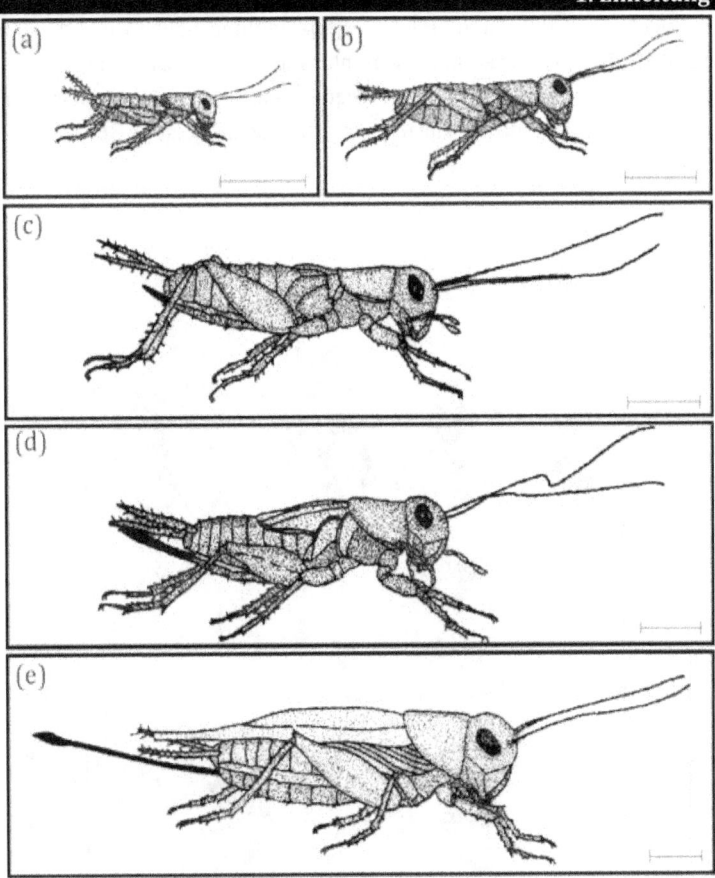

Abb. 4: Zeichnerische Darstellung von verschiedenen Phasen der Jugendentwicklung am Beispiel der australischen Feldgrille *Teleogryllus commodus*: (a) drittes Häutungsstadium, (b) fünftes Häutungsstadium, (c) siebentes Häutungsstadium, (d) neuntes Häutungsstadium, (e) Adulttier (Weibchen). Die Maßstriche zeigen jeweils eine Länge von 3 mm an. Als sehr augenscheinlich kann die Anlage von Flügel und Ovipositor ab dem siebenten Häutungsstadium bewertet werden.

gebildet. Nach der Adult- oder Imaginalhäutung haben die externen Entwicklungsprozesse ihren Abschluss gefunden. Die inneren Geschlechtsorgane durchlaufen hingegen noch eine Reifungsphase, an deren Ende das Adulttier zur Reproduktion befähigt ist [5, 36-48].

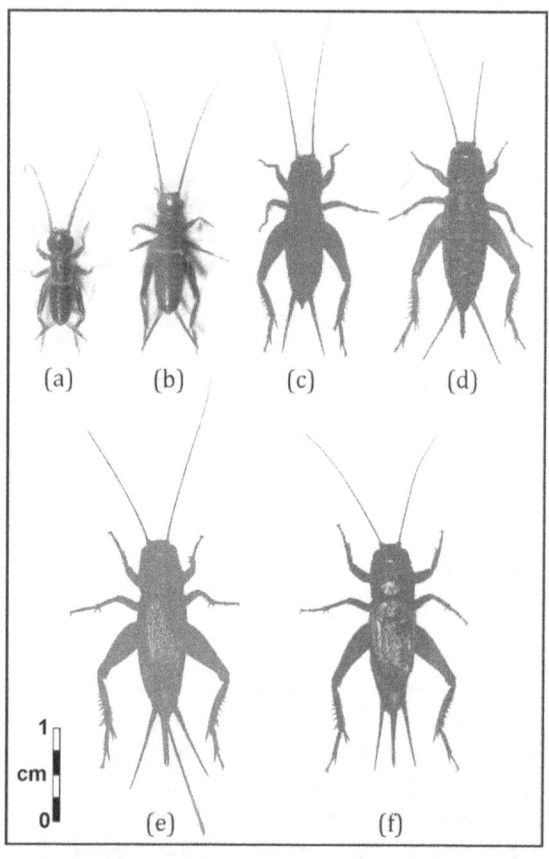

Abb. 5: Fotografien unterschiedlicher Nymphenstadien (a)-(d) und des weiblichen (e) beziehungsweise männlichen (f) Adulttieres der australischen Feldgrille.

1. Einleitung

1.2 Mathematische Modelle in der Entomologie

Wie in den nachfolgenden Kapiteln noch näher zur Erläuterung kommen wird, blicken mathematische Modelle in der Zoologie und hier insbesondere in der Insektenkunde auf eine mehr als hundertjährige Tradition zurück. Bereits in den 1920er Jahren schickte man sich an, wachstumsphysiologische Prozesse der Tiere anhand geeigneter mathematischer Formeln anzunähern. Die hinter den Gleichungen steckenden Überlegungen waren zum Teil schon so fortschrittlich, dass sie auch heute noch bei zahlreichen Forscherkreisen auf weitestgehende Akzeptanz stoßen [49-56].

Prinzipiell kann man zwischen zahlreichen Methoden der Modellkonzeption unterscheiden, welche im Laufe der vergangenen Jahrzehnte eine mehr oder weniger häufige Anwendung gefunden haben und dabei zum Teil einem sukzessiven Verfeinerungsprozess unterzogen worden sind. Drei dieser Modellansätze, die zur Lösung der in diesem Buch gestellten Fragen herangezogen wurden, sollen im Folgenden zur näheren Vorstellung gelangen.

Als eine der einfachsten mathematischen Näherungen gilt mit Sicherheit das Regressionsmodell (Abb. 6). Dabei wird eine aus Laborversuchen gewonnene abhängige Größe (z. B. Körperlänge, Fekundität) in einem X-Y-Diagramm gegen eine unabhängige Größe (z. B. Temperatur) aufgetragen; in weiterer Folge wird mithilfe einer Regressionsberechnung eine eventuelle funktionale Abhängigkeit der beiden Variablen bestimmt. Die Korrelation zwischen Ordinaten- und Abszissengröße kann dabei entweder auf einem linearen oder einem nichtlinearen Modell gründen (Abb. 7). Im ersten Fall erhält man eine Regressionsgerade, welche sich mit mehr oder weniger hoher Akkuratesse an die Datenpunkte anzuschmiegen vermag. Im zweiten Fall hingegen liegt eine Regressionskurve vor, die unterschiedliche Gestalt annehmen kann. Neben der häufig anzutreffenden Logarithmus- und Exponentialfunktion ist hier insbesondere die Polynomialfunktion von erhöhtem Interesse, welche sich je nach ermitteltem Grad mit variabler Komplexität präsentiert. Während ein Polynom zweiten Grades lediglich über einen Extremwert (Hoch- oder Tiefpunkt) verfügt, besitzt ein Polynom dritten Grades zwei gegensätzliche Extremwerte. Ein Polynom vierten Grades schließlich weist zwei gleichgerichtete Extremwerte auf. Die Güte der regressiven Anpassung wird in der Regel durch das sogenannte Bestimmtheitsmaß R^2 zum Ausdruck gebracht, welches das Quadrat des Pearson'schen Korrelationskoeffizienten r darstellt und Werte von 0 (keine Anpassung) bis 1 (perfekte Anpassung) annimmt. Die auf Basis von experimentellen Datensätzen gewonnenen Regressionsmodelle können in weiterer Folge für übergeordnete Aussagen herangezogen werden. Wenn man beispielsweise in Laborversuchen herausgefunden hat, dass das Wachstum einzelner Grillenarten bei Erhöhung der Umgebungstemperatur eine signifikante Beschleunigung erfährt, kann man diese mithilfe von Regressionsmodellen untermauerte Aussage mit gewissen Abstrichen auf die Gesamtheit der Orthopteren übertragen. Auch einfache, physiologisch plausible Extrapolationen können auf Basis dieser Näherungen getätigt werden. In Summe bewähren sich Regressionsmodelle gerade dann, wenn sich die dahinterstehende Fragestellung möglichst einfach gestaltet und lediglich die Abhängigkeit zweier Variablen untersucht werden soll.

Ein wesentlich komplexerer mathematischer Ansatz, welcher sich in der Entomologie immer größerer Beliebtheit erfreut, ist das sogenannte Kompartimentmodell (compartment model). Dieses dient unter anderem der theoretischen Untersuchung des Stoff- beziehungsweise Massenaustausches zwischen zwei oder mehreren abgeschlossenen Einheiten (Kompartimenten). Zur Simulation eines Wachstumsprozesses kann man beispielsweise den Massenaustausch zwischen Nahrungsquelle und Verbraucher in einem entsprechenden Modell zur Darstellung bringen. Dieser Austauschprozess besitzt gleichermaßen für anorganische und organische Systeme seine Relevanz, wobei im ersten Fall etwa an das Wachstum von Kristallen, im zweiten Fall hingegen an das Wachstum verschiedener Organismen zu denken ist. Die Geschwindigkeit des Stoffaustausches wird durch sogenannte Trans-

1. Einleitung

ferraten festgelegt, welche die einzelnen Kompartimente verbinden und von externen Faktoren beeinflussbar sind. Mathematisch wird die zeitliche Änderung der Masse in einem Kompartiment durch eine Differentialgleichung erster Ordnung zum Ausdruck gebracht, die mithilfe eines Repertoires an Standardmethoden gelöst werden kann. Letztendlich erhält man eine Funktion, welche die temporale Abhängigkeit der Massenzunahme beschreibt und für die effiziente Beantwortung verschiedener Fragen herangezogen werden kann. Das Kompartimentmodell kann in seiner Komplexität beliebig gesteigert werden, indem man einerseits die Anzahl der miteinander im Stoffaustausch stehenden Einheiten und der zugehörigen Transferraten steigert und andererseits die Wirkung externer Einflussgrößen auf das System annimmt. In diesem Fall erhält man ein ganzes Bündel an Differentialgleichungen, die in unmittelbarer Beziehung zueinanderstehen und für die Generierung komplizierterer Modellkurven sorgen (Abb. 6).

Ein weiterer mathematischer Ansatz zur Lösung komplexerer Fragestellungen ist das Submodellkonzept, bei dem sich das Gesamtmodell durch systematisches Zusammenfügen von Unter- oder Submodellen ergibt. Jedes dieser untergeordneten Modelle kann dabei auf einem eigenen, von den anderen Näherungen unabhängigen Konzept basieren. So ist es etwa möglich, dass ein Submodell nach dem regressiven Ansatz funktioniert, ein anderes hingegen auf der oben vorgestellten Idee des Massenaustausches basiert. Die Ausgaben einzelner Untermodelle stellen Eingabewerte anderer Untermodelle dar, so dass letztlich eine Verbindung aller im Gesamtmodell vorgesehenen Einheiten erfolgt. Das Submodellkonzept eignet sich überall dort, wo ein physiologischer Prozess in mehreren Phasen abläuft, welche unabhängig voneinander unter dem Einfluss verschiedener Kontrollfaktoren stehen. Hier ist jeder Phase und jedem Externfaktor ein Submodell zuzuweisen, das entsprechende Werte für ein oder mehrere benachbarte Submodelle liefert. Werden die Eingabeparameter eines einzelnen Untermodells geändert, so kommt es auch zu einer Modifikation des vom Gesamtmodell gelieferten Outputs (Abb. 6).

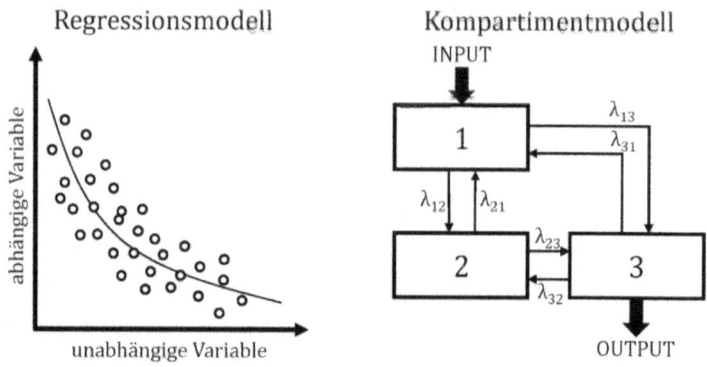
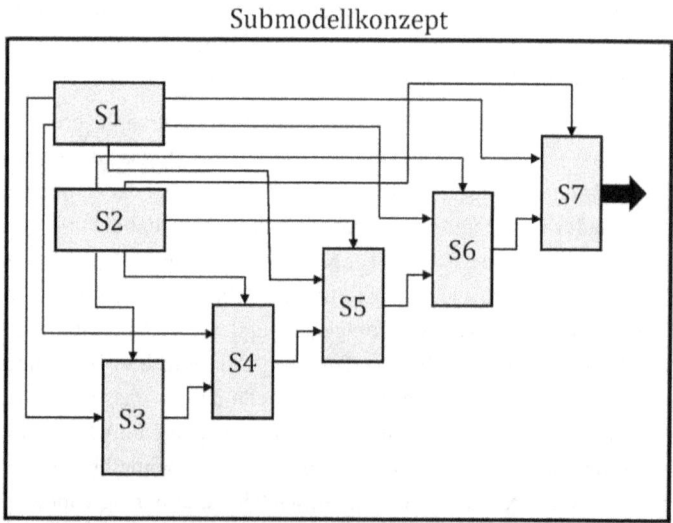

Abb. 6: Schematische Darstellung verschiedener mathematischer Modellansätze, welche in der Entomologie ihre vermehrte Verwendung finden. Neben dem einfachen Regressionsmodell können hier das auf Differentialgleichungen basierende Kompartimentmodell und das Submodellkonzept angeführt werden.

1. Einleitung

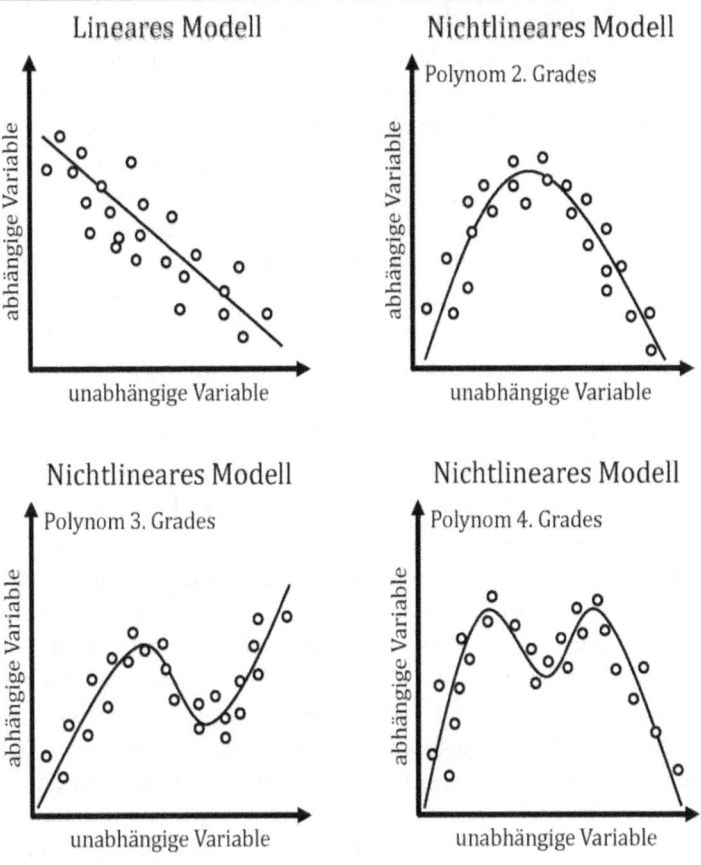

Abb. 7: Verschiedene Arten von Regressionsmodellen, welche in der Entomologie zur Anwendung gelangen. Grundsätzlich kann eine Unterscheidung zwischen linearen und nichtlinearen Modellen vorgenommen werden. Bei den nichtlinearen Regressionen spielt neben der Logarithmus- und Exponentialfunktion insbesondere die polynomische Funktion eine wichtige Rolle, wobei der Komplexitätsgrad der Näherung durch den Grad des Polynoms ausgedrückt wird.

1.3 Zielsetzungen des vorliegenden Buches

Die hier vorliegende Monografie verfolgt das vornehmliche Ziel, die Eiablage sowie die unterschiedlichen Entwicklungsphasen hemimetaboler Insekten anhand geeigneter Modelle zur Darstellung zu bringen. Das Hauptaugenmerk des Buches ist dabei auf die Frage gerichtet, inwieweit externe Umgebungsvariablen Reproduktion und Wachstum der Insekten zu beeinflussen vermögen und wie sich diese Einflussnahme letztendlich entweder positiv oder negativ auf die Tierpopulation auswirkt. Da es nach gegenwärtigem Kenntnisstand noch recht schwer fällt, eine allgemeine Näherung für alle Hemimetabola zu definieren, sind die hier präsentierten Inhalte vorwiegend auf Orthopteren und innerhalb dieser Insektengruppe im Speziellen auf Heuschrecken (Lang- und Kurzfühlerschrecken) ausgerichtet.

In den nachfolgenden Kapiteln werden im Einzelnen drei mathematische Modelle beschrieben, welche sich der Fekundität, der Embryogenese und der Nymphogenese von Insekten mit unvollständiger Entwicklung widmen. Jedes Kapitel verfolgt dabei jene im nachfolgenden Flussdiagramm gezeigte Strategie (Abb. 8). In einem einleitenden Abschnitt erfolgt die Definition des jeweiligen Modells unter Zuhilfenahme umfangreicher Literaturdaten und für das Gesamtverständnis notwendiger mathematischer Formeln. Der nachfolgende Abschnitt beschäftigt sich mit der sogenannten Modellvalidation, bei der es zum Vergleich von theoretischen Vorhersagen mit dazu passenden experimentellen Daten kommt. Je nach Korrespondenz der beiden Datensätze liegt entweder eine hoher oder niedrige Modellgüte vor, wodurch sich in weiterer Folge die prädiktive Akkuratesse der Näherung bestimmen lässt. Der dritte Abschnitt jedes Kapitels wendet sich der Modellvorhersage zu, wobei experimentell noch nicht erfasste Szenarien zur Simulation gelangen. Die daraus gewonnenen Resultate dienen einerseits der systematischen Erweiterung des Wissensstandes, jedoch andererseits auch als Grundlage für zukünftige Laborstudien. In einem abschließenden Bewertungsabschnitt werden die zuvor erhaltenen Erkenntnisse zusammengefasst. ■■■■■■■■■■■■■■■■

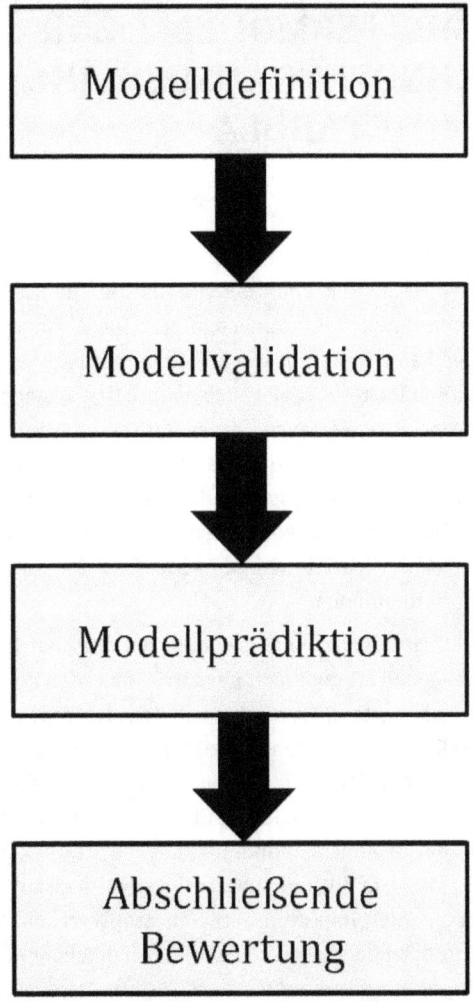

Abb. 8: Methodische Vorgehensweise bei der Behandlung der einzelnen in diesem Buch präsentierten Modelle zur Beschreibung von Reproduktion und Wachstum hemimetaboler Insekten.

2 – COMPUTERMODELLE ZUR FEKUNDITÄT AUSGEWÄHLTER HEMIMETABOLA

2.1 Modellbeschreibung

Gemäß zahlreichen in der Vergangenheit durchgeführten Studien [57-70] wird die Reproduktion von Insekten in erheblichem Maße von externen Umweltfaktoren beeinflusst. Die Wirkung dieser Kontrollparameter kann dabei auf direkte oder indirekte Art und Weise erfolgen, wobei in letzterem Falle auch andere Organismen in den Prozess miteinbezogen sein können. In der Natur treten Umweltfaktoren zumeist in einer bestimmten Kombination auf, wodurch sich ihr Effekt auf die Insekten entweder verstärkt oder bis zu einem gewissen Grade kompensiert. Unabhängig davon sorgen die Umgebungsbedingungen für eine spezifische Verbreitung und lokale Häufigkeit einzelner Arten innerhalb der Entomofauna.

Wie anhand etlicher experimenteller und theoretischer Untersuchungen der vergangenen Jahrzehnte demonstriert werden konnte [60-75], stellt die Umgebungstemperatur hinsichtlich der reproduktiven Aktivität (Fekundität) verschiedener Insekten einen übergeordneten Einflussfaktor dar. So gelangte man beispielsweise zu der Erkenntnis, dass die Gesamtzahl an produzierten Eiern und Spermatozoen mit der Körpergröße der weiblichen und männlichen Tiere korreliert. Die Körpergröße (Masse und Länge) wiederum steht in unmittelbarem Zusammenhang mit der Ingestionsaktivität, Stoffwechselrate und Verdauungsfunktion, wobei diese Prozesse in erheblichem Maße von der externen Temperatur gesteuert werden [76-80].

Mit steigender Umgebungstemperatur wird die Fekundität zahlreicher Insekten rasch zu ihrem Maximum getrieben, um nach Überschreitung einer Zeitmarke wiederum einen rapiden Abfall zu erleiden. All diese Phänomene haben freilich zur Folge, dass die reproduktive Periode

2. Fekunditätsmodelle

der Tiere bei Zunahme der Umgebungswärme eine signifikante Verkürzung erfährt [76-80]. Eine Vielzahl an Organismen zeichnet sich demzufolge durch die Ausbildung eines präferenziellen Temperaturbereichs aus, innerhalb dessen optimale Bedingungen für alle möglichen physiologischen Prozesse vorliegen. Durch gezielte Laborversuche konnte noch zusätzlich herausgefunden werden, dass die Art und Weise der thermischen Wirkung auf die Organismen (z. B. konstante oder alternierende Temperaturen) ebenfalls eine wichtige Rolle hinsichtlich der Reproduktionsrate spielt. Die Effizienz der Fortpflanzung steigt demnach mit der Anzahl der innerhalb von 24 h stattfindenden Temperaturoszillationen an [5, 56, 77-79].

Neben der Umgebungstemperatur erweist sich auch die Photoperiode, welche den rhythmischen Wechsel zwischen Hell- und Dunkelphase beschreibt, als essenzieller exogener Faktor. Gerade in Klimazonen mit gemäßigten bis kühlen Temperaturen steht die Dauer der Lichtperiode in engem Zusammenhang mit der Wachstumsgeschwindigkeit zahlreicher Insekten [5]. Die Photoperiode vermag zudem eine Phase des länger andauernden Ruhezustandes zu induzieren, wo manche physiologische Prozesse wie die Fortpflanzung vollständig aussetzen. Weitere exogene Faktoren mit mehr oder weniger deutlicher Einflussnahme auf die Reproduktion umfassen die Versorgung der Tiere mit Nahrung und die Populationsdichte. Nach gegenwärtigem Kenntnisstand vermag eine Erhöhung des Proteingehalts im Futter eine erhebliche Steigerung der reproduktiven Kapazität herbeizuführen, wohingegen die mit der Individuenzahl anwachsende intraspezifische Konkurrenz einen entgegengesetzten Effekt nach sich zieht [5, 56, 77-79].

Mathematische Modelle zur Darstellung des Zusammenhangs zwischen der Fortpflanzung von Insekten und externen Faktoren datieren teilweise bis in die 1920er Jahre zurück und haben seither eine sukzessive Vermehrung und Verfeinerung erfahren [77-79]. In den frühen Arbeiten wurde das Hauptinteresse unter anderem der Wirkung oszillierender Temperaturen auf Reproduktion und Wachstum gewidmet. Zu diesem Zweck wurde von Kaufmann [51] das Konzept der soge-

2. Fekunditätsmodelle

nannten Wärmesumme entwickelt, welche als Produkt der Entwicklungs- beziehungsweise Reproduktionszeit und effektiven Temperatur (Umgebungstemperatur − untere Schwellentemperatur) aufzufassen ist. Als Alternative zu jener von Kaufmann entwickelten Näherung gilt die Theorie der summativen Entwicklungs- beziehungsweise Reproduktionsraten [81-84], bei der auch die zunehmende Komplexität physiologischer Prozesse unter rasch fluktuierenden Temperaturen ihre gebührende Berücksichtigung findet. Mathematische Ansätze zur Beschreibung der Wirkung anderer externer Faktoren auf die Fortpflanzung von Insekten sind bislang noch relativ dünn gesät, sollten jedoch in näherer Zukunft vermehrte Aufmerksamkeit auf sich lenken.

Wie sich anhand vorangegangener Studien [5, 77-79] recht klar belegen lässt, kann die Einflussnahme externer Faktoren auf die Fekundität hemimetaboler Insekten am besten unter Zuhilfenahme regressiver Modelle erklärt werden. Eine Regressionsfunktion, welche den raschen Anstieg der Oviposition zu Beginn der Fekunditätsperiode und den nachfolgenden allmählichen Abfall der Eiablageaktivität mit hinreichender Akkuratesse nachzuzeichnen vermag, ist die auf drei Parametern basierende Weibullverteilung $\mathcal{W}(x_0,\beta,\alpha)$ [5]. Die Wahrscheinlichkeitsdichte dieser Verteilung gehorcht im Allgemeinen der Funktion

$$f(x) = \left(\frac{\alpha}{\beta}\right) \cdot \left(\frac{x-x_0}{\beta}\right)^{\alpha-1} \cdot e^{-\left(\frac{x-x_0}{\beta}\right)^{\alpha}} \text{ für } x > x_0. \tag{1}$$

Die zugehörige Verteilungsfunktion basiert auf der Gleichung

$$F(x) = 1 - e^{-\left(\frac{x-x_0}{\beta}\right)^{\alpha}} \text{ für } x > x_0. \tag{2}$$

Der Parameter x_0 beschreibt den Startwert der Funktion, während α den anfänglichen Funktionsanstieg und β die Breite der Verteilung zum Ausdruck bringen (Abb. 9).

Der zur Dichtefunktion gehörige x-Wert des Modus (Maximalwert) lässt sich nach der Gleichung

$$Mo_x = x_0 + \beta \cdot \left(\frac{\alpha-1}{\alpha}\right)^{1/\alpha} \text{ für } \alpha > 1 \tag{3}$$

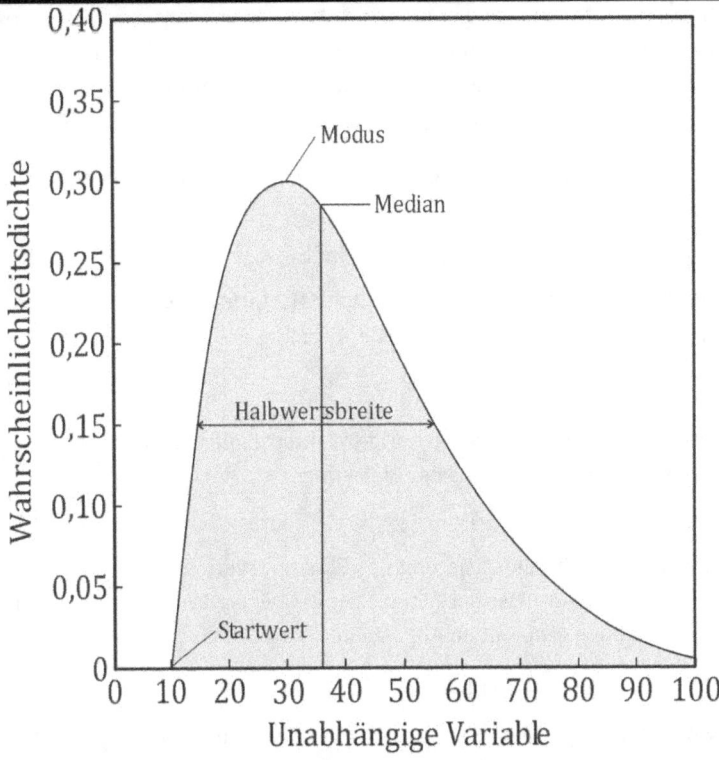

Abb. 9: Weibullverteilung zur Beschreibung des Fekunditätsverlaufs von hemimetabolen Insekten. Der Startwert kennzeichnet hier den Beginn der Oviposition, während der Modus den Zeitpunkt der maximalen Eiablage markiert. Der Median teilt die Fläche unterhalb der Funktion in zwei gleich große Hälften, und die Halbwertsbreite (= Breite des Peaks auf halber Höhe) gibt wichtige Auskunft zur Geometrie der Verteilung. Eine geeignete Adaptation der Weibullverteilung für entomologische Fragestellungen wird dadurch erreicht, dass man auf der Abszisse die Zeit (d) und auf der Ordinate die tägliche Fekundität (Eier d^{-1}) zur Darstellung bringt.

berechnen. Nimmt der Parameter α Werte kleiner als 1 an, existiert der Modus gar nicht, wohingegen für $\alpha = 1$ $Mo_x = x_0$ gilt. Für den Abszissenwert des Medians ergibt sich die folgende Formel:

$$Me_x = x_0 + \beta \cdot (\ln 2)^{1/\alpha}. \tag{4}$$

Zur Berechnung beliebiger Quantile (q_r mit $0 < r < 1$) bedient man sich der einfachen Gleichung

$$q_r = x_0 + \beta \cdot [-\ln(1-r)]^{1/\alpha}. \tag{5}$$

Die standardisierte Weibullverteilung $\mathcal{W}(0,1,\alpha)$ kann durch eine Positions- und Skalentransformation der Form

$$Y = \frac{X - x_0}{\beta} \tag{6}$$

erhalten werden. Die dazugehörige Wahrscheinlichkeitsverteilung ergibt sich in diesem Fall aus der Gleichung

$$f(y) = \alpha \cdot y^{\alpha-1} \cdot e^{-y^\alpha} \text{ für } y > 0. \tag{7}$$

Zur näheren Charakterisierung des Funktionsverlaufs erfolgt die Kalkulation von statistischen Momenten. Der Erwartungswert der Weibullverteilung gehorcht im Allgemeinen der Formel

$$E[X] = \beta \cdot e^{Gammaln\left(\frac{1}{\alpha}+1\right)} + x_0, \tag{8}$$

wobei Gammaln (Γln) den natürlichen Logarithmus der sogenannten Gammafunktion bezeichnet. Die Berechnung der Varianz erfolgt nach der Gleichung

$$Var(X) = \beta^2 \cdot \left[e^{Gammaln\left(\frac{2}{\alpha}+1\right)} - e^{Gammaln\left(\frac{1}{\alpha}+1\right)} \right], \tag{9}$$

und die Standardabweichung entspricht in weiterer Folge der Quadratwurzel dieses Parameters der Verteilung. Die Schiefe der Verteilung lässt sich mithilfe der komplexen Fomel

$$Sk(X) = \frac{e^{Gammaln\left(\frac{3}{\alpha}+1\right)} - 3 \cdot e^{Gammaln\left(\frac{2}{\alpha}+1\right)} \cdot e^{Gammaln\left(\frac{2}{\alpha}+1\right)} + 2 \cdot \left(e^{Gammaln\left(\frac{2}{\alpha}+1\right)}\right)^3}{\left[e^{Gammaln\left(\frac{3}{\alpha}+1\right)} - \left(e^{Gam\,maln\left(\frac{2}{\alpha}+1\right)}\right)^2 \right]^{3/2}} \tag{10}$$

kalkulieren. Nimmt *Sk(X)* dabei Wert größer als 0 an, so liegt eine Rechtsschiefe vor. Bei Werten kleiner 0 kann man hingegen von einer Linksschiefe der Verteilung ausgehen. Für den Fall von *Sk(X)* = 0 liegt den oben erläuterten Berechnungen zufolge eine symmetrische Verteilung zugrunde.

Um eine geeignete Adaptation der Weibullverteilung für Vorhersagen des weiblichen Fekunditätsverlaufs im Adultstadium zu erhalten, ist die oben vorgestellte Gleichung für die Wahrscheinlichkeitsdichte nur sehr geringfügig zu modifizieren. Konkret wird die Grundformel mit einem Wert für die Totalfekundität, welcher zuvor durch eine unabhängige Regressionsberechnung zur Eruierung gelangte, multipliziert. Man erhält dann folgende leicht abgewandelte Gleichung:

$$Fk_{tgl.} = f(x) \cdot Fk_{tot} \tag{11}$$

Dabei bezeichnet $Fk_{tgl.}$ die für einen bestimmten Tag x prädizierte Fekundität, wohingegen Fk_{tot} der Totalfekundität (Gesamtzahl der ins Substrat abgelegten Eier) entspricht.

Neben der totalen Fekundität wurden auch noch andere für den Ovipositionsprozess essenzielle Parameter, welche allesamt in Tabelle 1 zusammengefasst sind, regressiv erfasst. Hier wurde anhand einer multivariaten Näherung die Abhängigkeit der einzelnen Größen von Umgebungstemperatur, Proteingehalt in der Nahrung, Photoperiode und Populationsdichte bestimmt. Dies erfolgte nach der Grundgleichung

$$Y = a_1 \cdot e^{a_2 \cdot WS} + a_3 \cdot P + a_4 \cdot PH + a_5 \cdot PD + a_6, \tag{12}$$

in welcher Y einen bestimmten reproduktiven Parameter bezeichnet, während *WS* für die Wärmesumme (°C·h), *P* für die Proteingehalt (%), *PH* für die Photoperiode (h) und *PD* für die Populationsdichte (Individuen m^{-2}) steht. Die Regressionskoeffizienten $a_1 - a_6$ sind der nachfolgenden Tabelle zu entnehmen. Erwähnenswert ist sicherlich der Umstand, dass durch die Definition der Wärmesumme sowohl konstante als auch alternierende Umgebungstemperaturen für die Simulation

2. Fekunditätsmodelle

der Fekunditätskurve ihre Berücksichtigung finden. Damit können auch schnell wechselnde thermische Bedingungen, wie sie etwa durch rasche Licht-Schatten-Abfolgen entstehen, zur Modellierung gelangen.

Parameter	a_1	a_2	a_3	a_4	a_5	a_6
L (d)	67,45	-0,0006	0,075	0,25	-0,0061	-4,03
Fk_{tot} (Eier)	300,27	0,0012	8,9	14,5	-0,4096	-359,1
$\overline{Fk_{tgl.}}$ (Eier d^{-1})	5,767	0,002	0,082	0,243	-0,0085	-3,68
OS (d)	18,61	-0,002	-0,1	-0,25	0,0079	4,42
Mo_x (d)	63,01	-0,003	-0,1	-0,25	0,0082	4,36
Fk_{max} (Eier)	14,735	0,002	1,15	1,75	0,0364	-48,22
HWB (d)	47,82	-0,002	0,2	0,24	-0,0082	-7,24
LOP (d)	58,50	-0,0008	0,325	0,25	-0,0061	-12,53

Tab. 1: Regressionskoeffizienten zur theoretischen Berechnung von Reproduktionsparametern, welche für die Modellierung von Fekunditätskurven eine wichtige Rolle spielen. Abkürzungen: L...Lebensdauer, Fk_{tot}...totale Fekundität, $\overline{Fk_{tgl.}}$...mittlere tägliche Fekundität, OS...Startpunkt der Oviposition, Mo_x...x-Wert des Modus, Fk_{max}...maximale Fekundität, HWB...Halbwertsbreite der Fekunditätskurve, LOP...Länge der Ovipositionsperiode.

Der oben beschriebene mathematische Modellansatz findet im Computerprogramm CRICKTHERM seine ausführliche Darstellung. Diese in Visual Basic (Version 6.0) erstellte Software gestattet mithilfe sehr einfach zu bedienender Fenster die rasche Simulation des Fekunditätsverlaufs unterschiedlicher Grillenarten. Die aus den jeweiligen Prädiktionen gewonnenen Erkenntnisse können mit einigen Abstrichen auch auf andere Orthopteren übertragen werden. Die einzelnen Ein- und Ausgabemasken des Programms sind in den Abbildungen 10 und 11 zusammengefasst [5, 76-79].

Das Hauptmenü von CRICKTHERM enthält unter anderem einen verlinkten Button für das Dateneingabefenster. Zudem gelangt man von

2. Fekunditätsmodelle

hier aus zu einer kurzen Programmbeschreibung und zu einer ausführlichen Literaturliste mit themenbezogenen Zitaten von insektenphysiologischen Arbeiten. Im Eingabefenster erfolgt zunächst die Speicherung von allgemeiner Information (Grillenspezies, Herkunft der Tiere, Zeitpunkt der Untersuchung), ehe man zur Definition der oben dargelegten Umweltfaktoren schreitet. Dabei können neben den Standardeingaben noch zusätzliche Angaben wie die in den Zuchtlaboren herrschende Relative Luftfeuchte oder die konkrete Zusammensetzung der den Tieren angebotenen Nahrung getätigt werden, welche jedoch auf die anschließenden Kalkulationen keine Auswirkungen besitzen. Zuletzt wird der Benutzer des Programms noch aufgefordert, aus einer Liste ein passendes Regressionsmodell auszuwählen, wobei hier bislang lediglich zwischen Weibull-, Raleigh- und Normalverteilung selektiert werden kann. Zusätzlich wird die Angabe eines Kalkulationsfehlers (error of calculation) und einer individuellen Regressionsgleichung ermöglicht. Über den Berechnen-Button gelangt man schließlich zum Ausgabefenster (Abb. 10/a, b).

Dieses gliedert sich in zwei Teile, wobei die grafische Präsentation der Resultate im ersten Teil anhand eines Liniendiagramms, im zweiten Teil dagegen anhand eines Box-Plots erfolgt. Beide Teile lassen sich ihrerseits wiederum in zwei Abschnitte zerlegen, von denen der obere die aus den Regressionsmodellen gewonnenen numerischen Resultate (siehe Tabelle 1) enthält. Darunter ist besagtes Diagramm abgebildet, wobei die Achsenlängen in dynamischer Art und Weise an die Regressionsergebnisse angepasst sind (Abb. 11/a, b).

Das Computerprogramm verfügt gegenwärtig noch über keine eigene Druckfunktion, so dass die Ergebnismasken entweder über den Bildschirmdruck (print screen) direkt an den Drucker weiterzuleiten sind oder in einem geeigneten Programm (z. B. Powerpoint, Corel Draw) zwischengespeichert und für den Druck formatiert werden. Über den Eingabe-Button gelangt man zurück ins Eingabefenster, wo man entsprechende Modifikationen der einzelnen Parameter und erneute Modellsimulationen vornehmen kann.

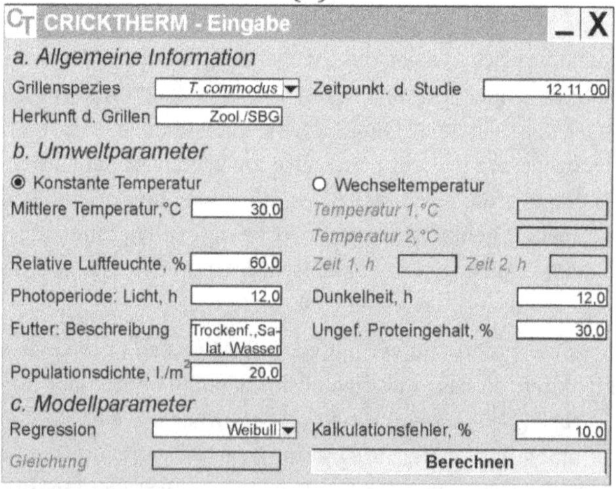

Abb. 10: Das Computerprogramm CRICKTHERM zur Simulation des Fekunditätsverlaufs von Hemimetabola: (a) Hauptmenü, (b) Eingabe.

2. Fekunditätsmodelle

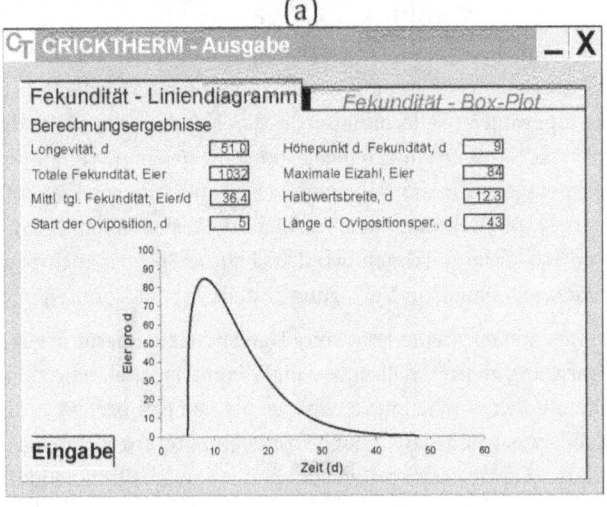

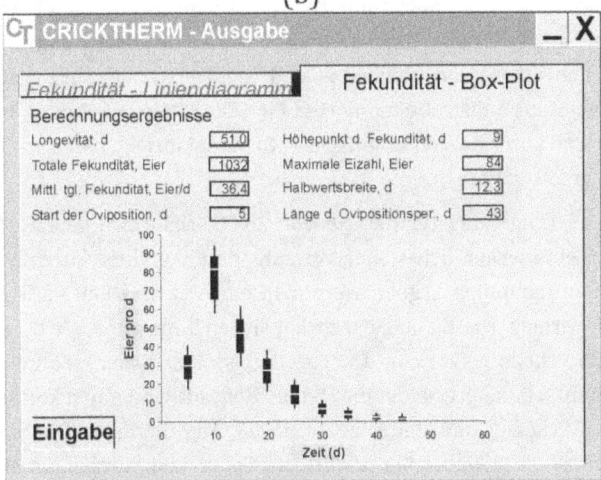

Abb. 11: Das Computerprogramm CRICKTHERM zur Simulation des Fekunditätsverlaufs von Hemimetabola: (a) Ausgabe 1, (b) Ausgabe 2.

2. Fekunditätsmodelle

2.2 Modellanwendung und -validation

Eine erste Anwendung des auf Orthopteren spezialisierten Fekunditätsmodells erfolgte unter Annahme unterschiedlicher Umgebungstemperaturen. Alle anderen in der Näherung berücksichtigten Umweltfaktoren wurden hingegen konstant gehalten (Photoperiode: 12 h, Proteingehalt in der Nahrung: 30 %, Populationsdichte: 200 Individuen m^{-2}). Die Kalkulationen wurden im speziellen Fall für die australische Feldgrille durchgeführt, da für diese Spezies auch passende experimentelle Daten zur Verfügung gestellt werden konnten [5, 78].

Wenn man zunächst eine konstante Umgebungstemperatur von 20 °C in Betrachtung zieht, erhält man vom Computermodell eine sehr flach verlaufende Fekunditätskurve, welche sich nahezu perfekt in die aus den Laborversuchen gewonnenen Datenpunkte anzuschmiegen vermag. Laut theoretischer Vorhersage setzt die Oviposition beim Grillenweibchen erst am neunten Tag nach der Adulthäutung ein und erreicht etwa am 20. Tag ihr Maximum. Die Höchstzahl der täglich abgelegten Eier beläuft sich dabei auf 18 Stück. Das Tier behält bis zum 50. Tag seine Reproduktionsaktivität bei und reduziert dabei sukzessive die Menge der ins Substrat deponierten Eier. Die totale Fekundität, welche der Fläche unter der hypothetischen Kurve entspricht, bemisst sich auf 378 Eier (Abb. 12/a).

Bei einer Umgebungstemperatur von 25 °C erhält man gemäß Modell bereits eine wesentlich steiler verlaufende Fekunditätskurve, welche die experimentellen Ergebnisse nur in eingeschränktem Maße zu erklären vermag. Die Eiablage setzt bei sieben Tage alten Weibchen ein und erreicht ungefähr am 15. Tag der adulten Lebensspanne ihren Höhepunkt. Danach erleidet die Ovipositionsaktivität einen kontinuierlichen Rückgang und findet etwa am 50. Tag ihr Ende. Die von der mathematischen Näherung prädizierte Totalfekundität beläuft sich im konkreten Fall auf 687 Eier (Abb. 12/b).

Wird die Umgebungstemperatur schließlich noch auf 30 °C erhöht, setzt sich der bislang beobachtete Trend der Kurvenentwicklung fort.

2. Fekunditätsmodelle

Die entsprechende Funktion gerät in diesem Fall nochmals wesentlich steiler und zeichnet sich zudem durch eine signifikant reduzierte Halbwertsbreite aus. Die Korrespondenz zwischen Weibullverteilung und experimentellen Daten ist im Vergleich zur vorher beschriebenen Temperatur wieder deutlich verbessert. Laut Modell startet das Weibchen seine Ovipositionsaktivität bereits am fünften Tag nach der Adulthäutung. Schon fünf Tage später wird das Fekunditätsmaximum erreicht, welches sich auf 84 Eier d^{-1} beläuft und damit mehr als viermal so hoch ist wie bei einer Umgebungstemperatur von 20 °C. Nach Erreichen dieses Höchstwertes fällt die Fekunditätskurve wiederum steil ab und findet ungefähr am 48. Tag der adulten Lebensphase ihr Ende. Die vom Modell vorhergesagte Totalfekundität ist mit 1054 Eiern zu beziffern (Abb. 12/c).

Um ein genaueres Bild von der Anpassungsgüte der theoretischen Kurve an die experimentellen Resultate zu erhalten, wurden beide Datensätze in einem X-Y-Diagramm gegeneinander aufgetragen und anhand einer linearen Regression bewertet. Die bestmögliche Vorhersagegenauigkeit besteht gerade dann, wenn die im Diagramm geplotteten Punkte allesamt auf der ersten Mediane zu liegen kommen. Verläuft die Regressionskurve unterhalb dieser Referenzlinie, liegt eine Überschätzung der täglichen und totalen Fekundität durch das Modell vor, wohingegen ein entsprechender Verlauf oberhalb der Mediane auf eine Unterschätzung hindeutet.

Die Ergebnisse der oben beschriebenen regressiven Evaluierung sind in der Abb. 13 zusammengefasst. Für alle betrachteten Umgebungstemperaturen gerieten die vom Modell prädizierten Daten im Durchschnitt zu hoch, wobei sich die Überschätzung bei 20 °C am höchsten und bei 30 °C am niedrigsten gestaltet. Im Falle der höchsten Umgebungstemperatur liegt auch die beste Anpassungsgüte vor (R^2 = 0,881). Diese erfährt bei 25 °C einen drastischen Einbruch (R^2 = 0,350) und bei 20 °C wiederum eine deutliche Verbesserung (R^2 = 0,753). Generell muss jedoch an dieser Stelle konstatiert werden, die Näherung hinsichtlich ihrer prädiktiven Akkuratesse noch Spielraum nach oben besitzt.

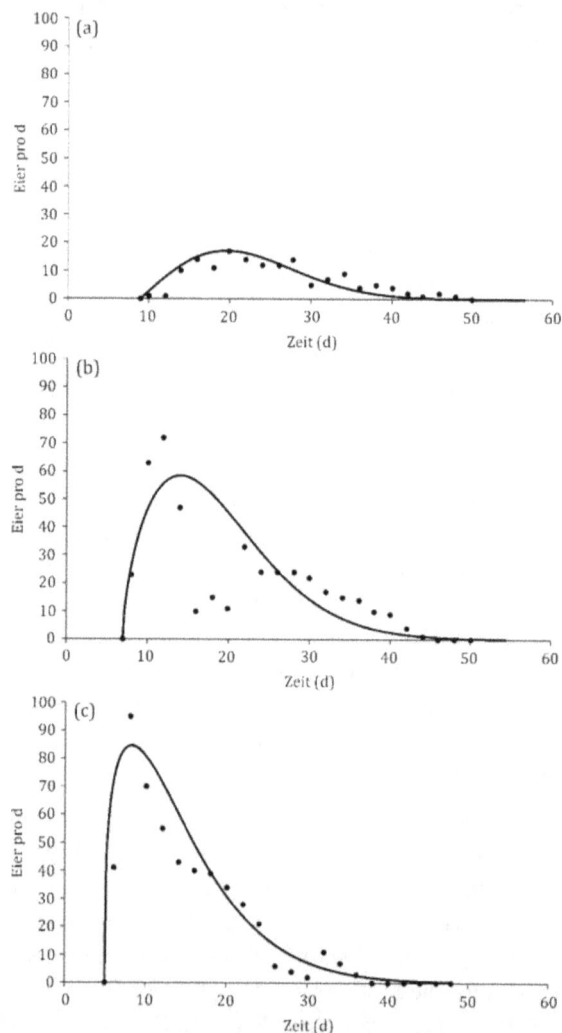

Abb. 12: Simulation von Fekunditätskurven der australischen Feldgrille und Vergleich mit experimentellen Daten: (a) 20 °C, (b) 25 °C, (c) 30 °C.

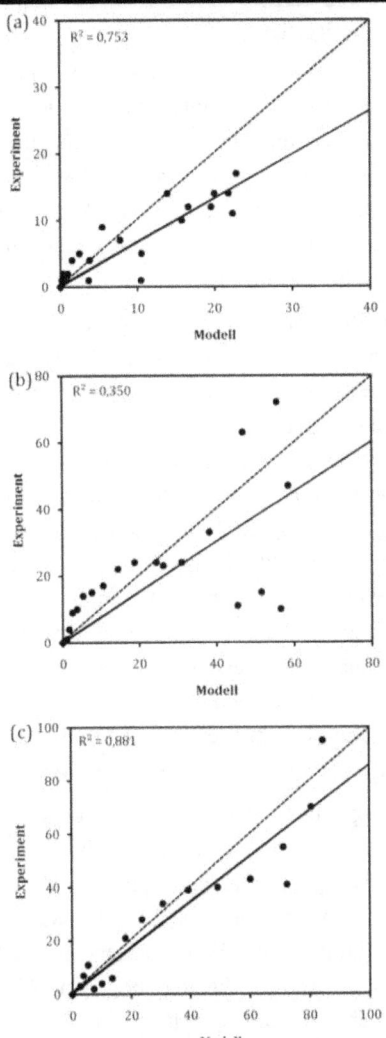

Abb. 13: X-Y-Diagramm mit direkter Gegenüberstellung von Daten aus Modell und Experiment: (a) 20 °C, (b) 25 °C, (c) 30 °C.

2.3 Modellprädiktionen

Weiterführende Modellprädiktionen finden in den Abbildungen 14 und 15 ihre Zusammenfassung. In allen hier vorgestellten Fällen erfolgte die Variation von lediglich einem einzelnen Umweltfaktor, während die verbleibenden Einflussgrößen konstant gehalten wurden. Alle Vorhersagen wurden unter der Annahme getätigt, dass es sich bei den betreffenden Organismen um Weibchen des in Mitteleuropa weit verbreiteten Heimchens handle.

Der theoretische Effekt von fluktuierenden Temperaturen (Photoperiode: 12 h, Proteingehalt in der Nahrung: 30 %, Populationsdichte: 200 Individuen m^{-2}) auf die Fekundität der Tiere ist in erster Linie durch den Umstand gekennzeichnet, dass größere Differenzen zwischen Maximal- und Minimaltemperaturen eine höhere Anzahl an ins Substrat abgelegten Eiern zur Folge haben. Die totale Fekundität erfährt bei einer Steigerung des besagten Temperaturunterschieds von 0 °C auf 15 °C eine Erhöhung von 20 %, was aus statistischer Sicht als hochsignifikant bewertet werden kann. Die Veränderung des Funktionsverlaufs findet auf recht ähnliche Weise wie bei der oben beschriebenen Anhebung der Konstanttemperaturen statt. Die Verteilungsfunktion generiert einerseits höhere Maximalwerte und ist andererseits durch eine sukzessive Reduktion ihrer Halbwertsbreite charakterisiert (Abb. 14/a) [5, 77, 79].

Wenn der Eiweißgehalt in der Nahrung einer kontinuierlichen Anhebung von 10 % auf 50 % unterliegt und gleichzeitig eine Konstanz aller anderen Umweltparameter angenommen wird (Temperatur: 27 °C, Photoperiode: 12 h, Populationsdichte: 200 Individuen m^{-2}), unterliegt die totale Fekundität der Weibchen gemäß Modellprädiktionen einer Verdreifachung (312 Eier bei P-10 % gegen 872 Eier bei P-50 %). Insgesamt lässt sich hier eine sehr drastische Veränderung des theoretischen Verlaufs der Weibullverteilung konstatieren, wobei der Maximalwert von 30 auf 75 abgelegte Eier pro Tag ansteigt (Erhöhung um 150 %). Die Halbwertsbreite der Peaks hingegen sinkt von etwa 20

2. Fekunditätsmodelle

Tagen (P-10 %) auf ungefähr 15 Tage (P-50 %), was einer Reduktion um 25 % entspricht (Abb. 14/b).

Eine hypothetische Verlängerung der Lichtperiode von 12 auf 16 h (Temperatur: 27 °C, Proteingehalt in der Nahrung: 30 %, Populationsdichte: 200 Individuen m^{-2}) besitzt laut vorgestelltem Modell ebenfalls einen verwertbaren Einfluss auf die Fekundität des weiblichen Heimchens. In diesem Fall kann eine Steigerung der Totalfekundität von 5 bis 10 % beobachtet werden, was sich im Vergleich zu den oben getätigten Temperaturvorhersagen eher bescheiden ausnimmt. Die Entwicklung des Kurvenverlaufs mit Anhebung des Maximums und sich stetig reduzierender Halbwertsbreite erfolgt wiederum in gewohnter Art und Weise (Abb. 15/a).

Die Erhöhung der Populationsdichte übt einen Effekt auf die weibliche Fekundität aus, welcher im völligen Gegensatz zur Wirkung der oben beschriebenen Umweltfaktoren steht. Kommt es zu einer Steigerung der extrapolierten Populationsdichte von 200 auf 800 Individuen m^{-2} (Temperatur: 27 °C, Photoperiode: 12 h, Proteingehalt in der Nahrung: 30 %), erfährt die maximale tägliche Fekundität eine Verringerung um etwa 50 %, während sich die Halbwertsbreite der Verteilungsfunktion nahezu verdoppelt. Die Gesamtzahl der ins Substrat abgelegten Eier sinkt in diesem Fall von 876 auf 564 Stück ab (Abb. 15/b).

Bei Zusammenfassung aller Simulationsergebnisse kann man die Feststellung treffen, dass sich die einzelnen hier behandelten Umweltparameter mit teils unterschiedlicher Intensität auf das Reproduktionsverhalten der weiblichen Tiere auswirken. Während Umgebungstemperatur, Nahrungszusammensetzung und Dauer der Lichtphase einen weitgehend positiven Effekt auf die reproduktive Kapazität auszuüben vermögen, wird durch eine Steigerung der Populationsdichte eine umgekehrte Wirkung erzielt. Es muss hier nochmals betont werden, dass durch die Veränderung eines einzelnen Parameters bei gleichzeitiger Konstanthaltung der übrigen Faktoren keine genauen Aussagen in Hinblick auf Summations- oder Kompensationseffekte gemacht werden können.

a)

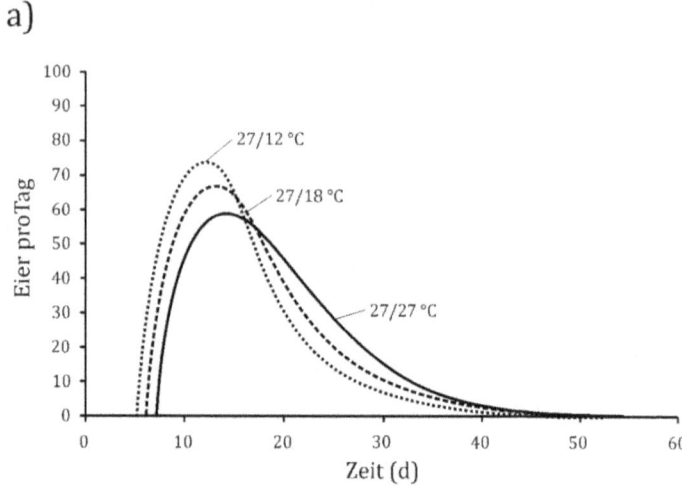

b)

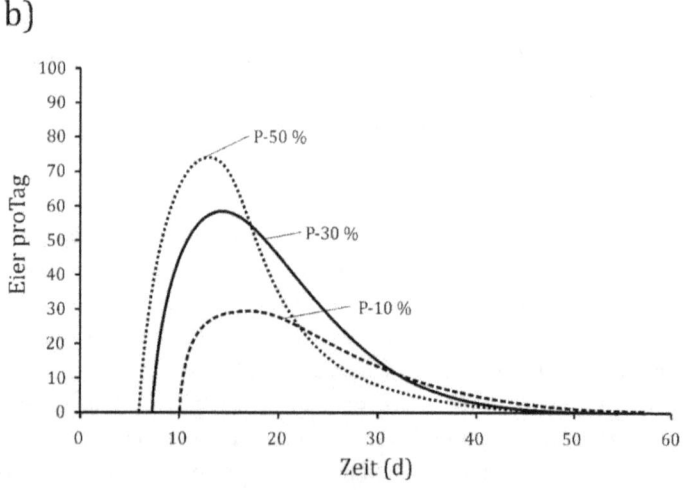

Abb. 14: Mithilfe des Fekunditätsmodells durchgeführte Prädiktionen für die Hausgrille *Acheta domesticus*: (a) Wechsel von Tag-Nacht-Temperaturen, (b) unterschiedliche Proteingehalte in der Nahrung.

2. Fekunditätsmodelle

a)

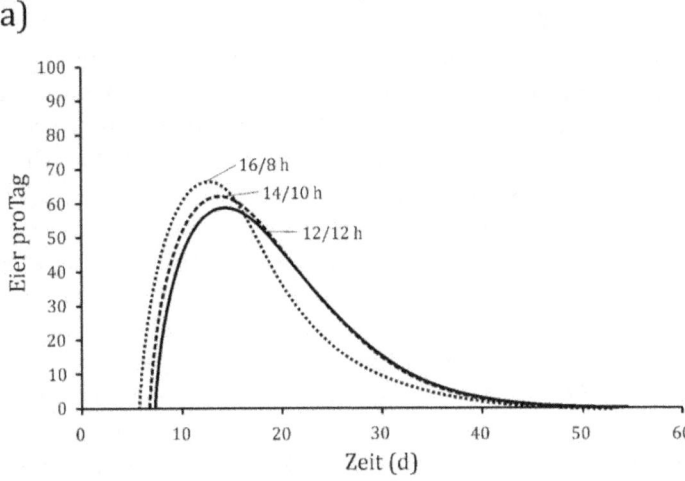

b)

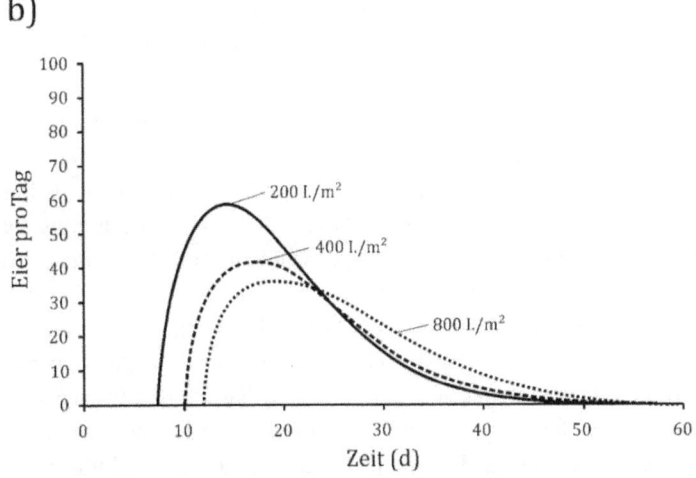

Abb. 15: Mithilfe des Fekunditätsmodells durchgeführte Prädiktionen für die Hausgrille *Acheta domesticus*: (a) Änderungen der Photoperiode, (b) unterschiedliche Annahmen der Populationsdichte.

2.4 Zusammenfassende Bemerkungen

Im vorliegenden Kapitel konnte anhand eines Regressionsmodells die Theorie untersucht werden, wonach die Reproduktionsaktivität von hemimetabolen Insekten durch eine Vielzahl an externen Faktoren beeinträchtigt wird. In der Vergangenheit konnte für den Umweltfaktor der Umgebungstemperatur bereits eine weitgehende Bestätigung dieser Hypothese eingeholt werden. Auf Basis zahlreicher Experimente gelangte man hier zu der Auffassung, dass innerhalb eines physiologisch plausiblen Rahmens jede Erhöhung der thermischen Energie zu einer Steigerung der weiblichen Fekundität führt [56-70]. Dieses Phänomen gelangt sowohl durch eine teils drastische Anhebung der täglichen Ovipositionsaktivität als auch durch eine signifikante Verbesserung der über das gesamte Adultleben gerechneten Eiablageleistung zum Ausdruck. Temperaturabhängige Fekunditätsexperimente wurden bislang insbesondere für verschiedene Vertreter der Orthopteren durchgeführt, da diese Insektengruppe unter recht einfachen Bedingungen gezüchtet und ohne größeren Kostenaufwand gehalten werden kann [5, 76-80].

Das in den vorangegangenen Kapiteln vorgestellte und mithilfe von experimentellen Temperaturdaten validierte Computermodell lässt sehr deutlich erkennen, dass die Wahl zwischen konstanten und alternierenden Temperaturen einen nicht zu unterschätzenden Einfluss auf die Fekundität von Grillenweibchen auszuüben vermag. Hier zeigt sich unter anderem, dass im Falle zweier mit der Photoperiode korrelierender Temperaturregimes signifikante Erhöhungen der täglichen Ovipositionsrate zu erzielen sind, wenn eine messbare Differenz zwischen höherer und niedrigerer Temperatur besteht. Mit wachsendem Unterschied der beiden Schwellentemperaturen tritt laut Modell eine sukzessive Steigerung der Fekundität auf. Dieser Umstand überrascht zunächst ein wenig, da stetig größer werdende Diskrepanzen zwischen Ober- und Untertemperatur immer kleinere Wärmesummen (°C·h) zur Folge haben. Im konkreten Fall ergibt sich bei Annahme einer Licht- und Dunkelzeit von jeweils 12 h für die Verwendung einer Konstant-

2. Fekunditätsmodelle

temperatur von 27 °C eine Wärmesumme von 648 °C·h. Differieren Tag- und Nachttemperatur um 9 °C (Tag: 27 °C, Nacht: 18 °C), fällt die Wärmesumme auf 540 °C·h ab, und bei einem Unterschied zwischen Tag- und Nachttemperatur von 15 °C (Tag: 27 °C, Nacht: 12 °C) beträgt die Wärmesumme lediglich noch 468 °C·h. Die entomophysiologische Forschung vertritt bezüglich dieses Phänomens die Auffassung, dass die Tiere in der kühleren Nachtphase zu einer Einschränkung oder Aussetzung ihrer Reproduktionsaktivitäten gezwungen werden und die ihnen zur Verfügung stehende Restwärme für ihre notwendigsten Kernfunktionen nutzen [1-5, 56]. In der wärmeren Tagesphase wird hingegen ein überproportionaler Energieanteil in die Fortpflanzung investiert, um während der kühlen Phase verlorenes Terrain wieder zurückzugewinnen [56]. Hier erfolgt insbesondere bei zahlreichen Orthopterenarten eine Art Überkompensation, welche letztlich zu einer größeren Eizahl als bei Konstanttemperaturen führt.

Bei konstanten thermischen Bedingungen korreliert die Länge der Lichtphase mit der reproduktiven Kapazität. Dies ist darauf zurückzuführen, dass die Tiere bei Lichteinwirkung ihre lokomotorische Leistung erhöhen, zu welcher auch die Einführung des Ovipositors ins Substrat zählt. Die Dämmerung und Nacht nutzen die Insekten für die Anlockung von Sexualpartnern und die Vollziehung des Paarungsprozesses [1-5, 56]. Auch die Qualität der Nahrung – gemessen an deren Proteingehalt – steht in engem Zusammenhang mit der täglichen und totalen Fekundität. Eine höhere Menge an zugeführtem Eiweiß führt zu einer erheblichen Steigerung der produktiven Aktivität in den Ovarien, da eine vermehrte Zugabe von Grundbausubstanzen für die Eisynthese erfolgt [86-94]. Gänzlich umgekehrt verhält es sich mit der Populationsdichte, deren gezielter Anstieg zu einer teilweise drastischen Reduktion der Fekundität führt. Durch den stärker werdenden intraspezifischen Konkurrenzdruck gelangen die Tiere letztendlich in eine dauerhafte Stresssituation, wodurch ein Großteil der zur Verfügung stehenden Energie nur mehr in die notwendigsten physiologischen Aktivitäten investiert wird [5, 76]. ■■■■■■■■■■■■■■■

3 – COMPUTERMODELLE ZUR EMBRYOGENESE AUSGEWÄHLTER HEMIMETABOLA

3.1 Modellbeschreibung

Die mathematische Beschreibung des embryonalen Wachstums von hemimetabolen Insekten beruht auf der einfachen Annahme, dass Embryo und Dotterkörper innerhalb des Eies während der Entwicklungsphase des Organismus in permanentem Massenaustausch zueinander stehen [1-5, 95, 96]. Dieser Prozess findet innerhalb eines Bereichs statt, welcher sowohl thermische Energie als auch mit Ionen und Nährstoffen angereichertes Wasser aus seiner unmittelbaren Umgebung aufzunehmen vermag (Abb. 16). Nach rein physikalischer Betrachtungsweise handelt es sich hierbei um einseitig offenes (semipermeables) System.

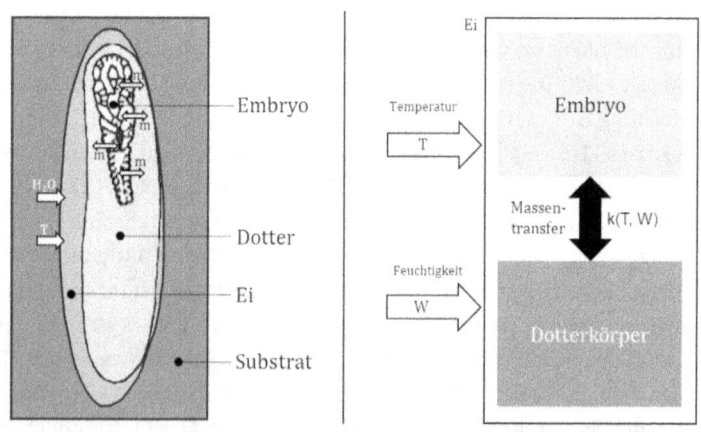

Abb. 16: Theoretische Annahmen, welche hinter dem Kompartimentmodell zur Embryonalentwicklung von hemimetabolen Insekten stehen: links: grober Aufbau des Insekteneis, rechts: Modell.

3. Embryogenesemodelle

Aus mathematischer Sicht lässt sich der Massentransfer zwischen den beiden Kompartimenten Embryo und Dotterkörper durch die Gleichung

$$\frac{dm_E}{dt} = k_1(T,W) \cdot m_{DK} - k_2(T,W) \cdot m_E \qquad (13)$$

zum Ausdruck bringen. Darin beschreiben m_E und m_{DK} die Massen des embryonalen Organismus und des Dotterkörpers, während $k_1(T,W)$ und $k_2(T,W)$ die Transferraten des Massentransportes von Dotterkörper zu Embryo beziehungsweise von Embryo zu Dotterkörper repräsentieren. Dabei ist die Feststellung zu treffen, dass der Massentransfer in überwiegendem Maße in Richtung Embryo erfolgt, wodurch letztendlich die kontinuierliche Größenzunahme des Organismus und der gleichzeitige Volumensschwund des Dotterkörpers erklärbar sind. Das embryonale Wachstum wird in der Regel von intensiven Stoffwechselprozessen begleitet, deren Abfallprodukte in den Dotterkörper und den lufterfüllten Hohlraum des Eies abgegeben werden [95, 96].

Die beiden oben definierten Transferraten stellen ihrerseits Funktionen der Temperatur und des im umgebenden Substrat vorhandenen Wassergehaltes dar. Die Abhängigkeit dieser Größen von der Umgebungstemperatur kann dabei anhand einer Polynomialfunktion dritten Grades zur Darstellung gebracht werden, wobei niedrige Temperaturen eine Verlangsamung des Massentransfers bewirken, höhere Temperaturen hingegen dessen deutliche Beschleunigung herbeiführen. Der Einfluss der Substratfeuchtigkeit auf den Massenaustausch zwischen Embryo und Dotterkörper wird am besten durch eine Polynomialfunktion zweiten Grades ausgedrückt. Während trockenes und zu stark befeuchtetes Substrat hemmend auf den embryonalen Entwicklungsprozess wirken, sorgen mittlere Wassermengen innerhalb des umgebenden Milieus für eine entsprechende Förderung des Wachstumsverlaufes [95, 96].

Die obige Differenzialgleichung erster Ordnung ist insgesamt als inhomogen zu bewerten und lässt sich nur lösen, indem man zunächst eine

Lösung für die zugehörige homogene Differentialgleichung präsentiert und daraufhin noch eine partikuläre Lösung für die inhomogene Gleichung findet. Im ersten Fall ist die Methode der Trennung der Variablen zur Anwendung zu bringen, wohingegen im zweiten Fall die sogenannte Variation der Konstanten als probates Mittel zum Zweck gilt. Nach Durchführung der betreffenden Verfahren gelangt man schließlich zu folgender Lösungsgleichung:

$$m_E(t) = \left[m_E^0 - \frac{k_1}{k_2} \cdot m_{DK}\right] \cdot e^{-k_2 \cdot t} + \frac{k_1}{k_2} \cdot m_{DK}. \tag{14}$$

Im obigen mathematischen Ausdruck repräsentiert m_E^0 die Initialmasse des Embryos zum Zeitpunkt t = 0. Die Gleichung beschreibt einen stark simplifizierten exponentiellen Massentransfer zwischen den beiden in Abbildung 16 definierten Kompartimenten, welcher aufgrund der oben dargestellten Variation von k_1 und k_2 eine deutliche Zunahme seiner Komplexität erfährt [95, 96].

Der Zusammenhang zwischen embryonaler Masse auf der einen Seite und Körperlänge des heranwachsenden Embryos auf der anderen gelangt durch die mathematische Formel

$$m_E = \rho_E \cdot V_E \tag{15}$$

zum Ausdruck, wobei ρ_E der physikalischen Dichte des Organismus (g cm^{-3}) entspricht, während V_E das dazugehörige Volumen darstellt. Nimmt man für den Embryo näherungsweise eine zylindrische Gestalt an, so lässt sich die folgende erweiterte Form der Gleichung (15) definieren:

$$m_E = \rho_E \cdot L_E \cdot \frac{D_E^2}{4} \cdot \pi. \tag{16}$$

Dabei stehen L_E und D_E für die Länge und den Durchmesser des embryonalen Körpers. Wenn man als weitere Vereinfachung annimmt, dass diese beiden Größen in einem konstanten Verhältnis der Form D_E = Konstante $\cdot L_E$ stehen, vereinfacht sich obiger Ausdruck wiederum zu

$$m_E = \rho_E \cdot L_E^3 \cdot a. \tag{17}$$

Dabei fasst die Größe a alle oben erwähnten Konstanten zusammen. Hohe Werte für diese Größe deuten auf einen vermehrt in die Länge gestreckten Embryo hin, wohingegen niedrige Werte eine eher gedrungene Körperform indizieren (Abb. 17).

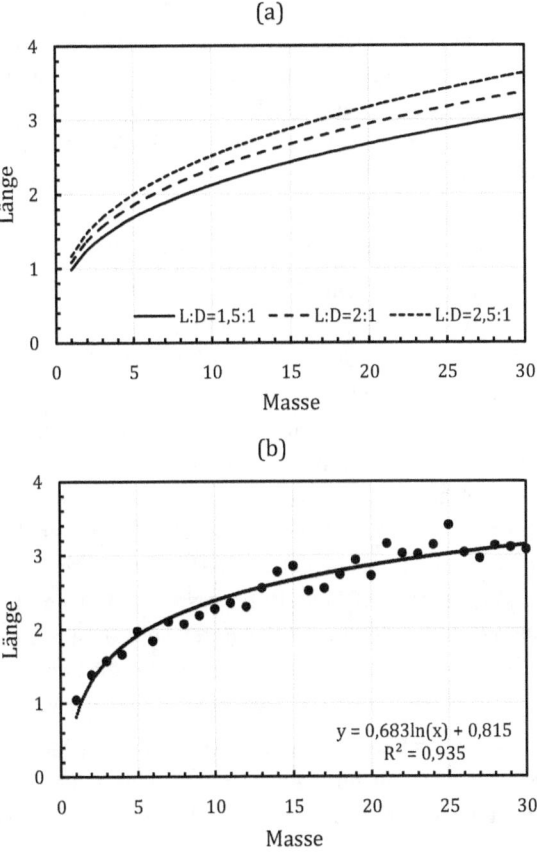

Abb. 17: Grafiken zur Verdeutlichung des simplifizierten mathematischen Zusammenhangs zwischen Länge und Masse des heranwachsenden Embryos: (a) $L_E : D_E$ = konstant, (b) $L_E : D_E$ = variabel.

3. Embryogenesemodelle

Wie der obigen Abbildung recht klar entnommen werden kann, gibt es mehrere Möglichkeiten zur Definition des Größenverhältnisses zwischen Länge und Durchmesser des Embryos. Im ersten Fall kann das mathematische Verhältnis zwischen diesen beiden Größen über die gesamte Entwicklungsdauer des Embryos hinweg als konstant erachtet werden, wodurch sich letztlich ein klarer funktioneller Zusammenhang zwischen der Masse als primärem Modellparameter und der Länge ergibt (Abb. 17/a). Im zweiten Fall hingegen wird eine Variation dieses Verhältnisses während des embryonalen Wachstums angenommen. Dies hat freilich die Erzeugung eines Streudiagrammes zur Folge, dessen Datenpunkte sich jedoch mithilfe einer logarithmischen Regressionskurve recht gut approximieren lassen (Abb. 17/b).

Bei der Definition der dem Wachstumsmodell zugrundeliegenden Transferraten wurde bereits auf den Einfluss von Umgebungstemperatur und Feuchtigkeit des Substrates auf den Entwicklungsverlauf des Embryos hingewiesen. Eventuelle Zusammenhänge zwischen Embryogenesedauer und Umgebungstemperatur beziehungsweise Substratfeuchtigkeit wurden unter Zuhilfenahme von Regressionsmodellen einer näheren Betrachtung unterzogen. Zu diesem Zweck wurden passende experimentelle Daten zu verschiedenen Hemimetabolen in entsprechenden Diagrammen geplottet und mathematisch verarbeitet. Die in den Abbildungen 18 und 19 dargestellten Ergebnisse der Regressionsberechnungen wurden in weiterer Folge in das oben vorgestellte Kompartimentmodell eingebunden und für die Berechnung von Transferraten und embryonalen Entwicklungszeiten verwendet.

Die Abhängigkeit der Embryogenesedauer von der Umgebungstemperatur kann laut nachfolgender Abbildung mithilfe einer Polynomialfunktion dritten Grades zum Ausdruck gebracht werden, welche die Form

$$Dauer\ (d) = 0{,}006\,T(°C)^3 - 0{,}503\,T(°C)^2 + 12{,}10\,T(°C) - 68{,}81 \quad (18)$$

annimmt und sich mit einer Anpassungsgüte R^2 von 0,830 an die Daten anzuschmiegen vermag.

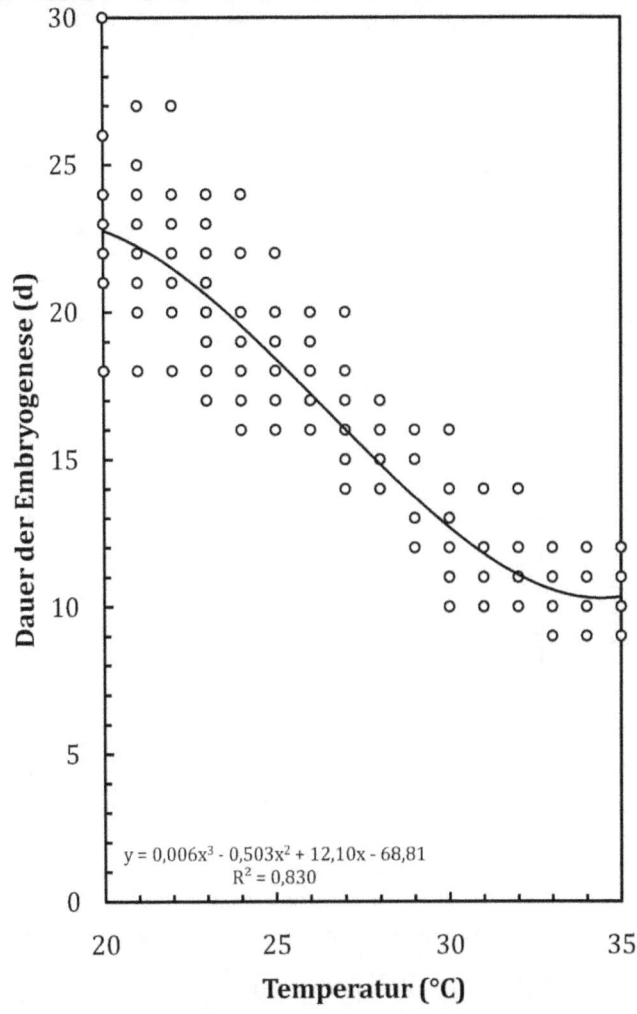

Abb. 18: Regressionsmodell zur Beschreibung des Zusammenhangs zwischen Embryogenesedauer und Temperatur bei konstanter Relativer Substratfeuchtigkeit (10 %).

3. Embryogenesemodelle

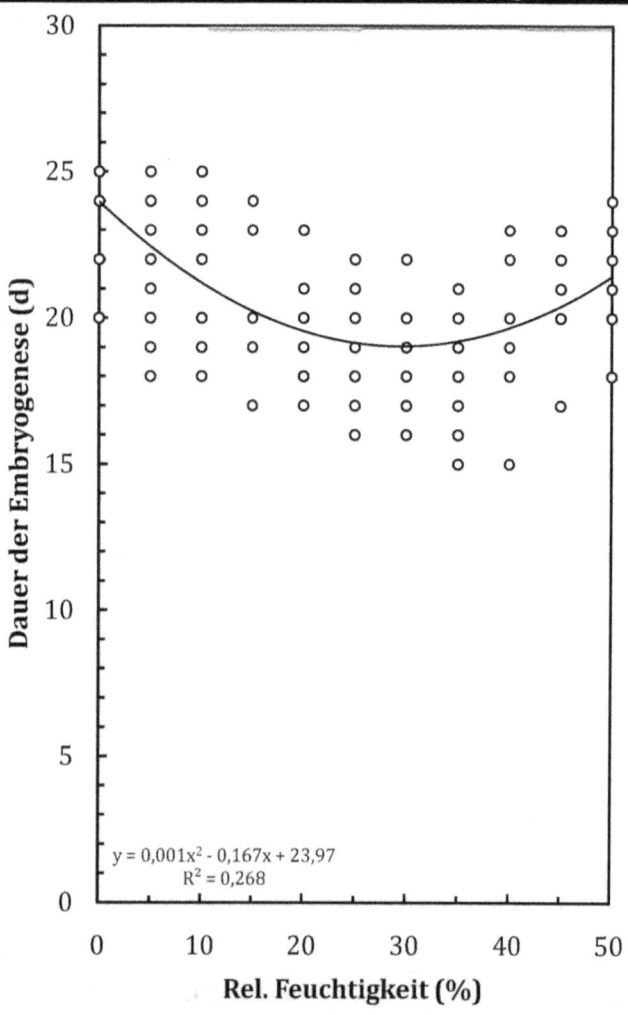

Abb. 19: Regressionsmodell zur Beschreibung des Zusammenhangs zwischen Embryogenesedauer und Relativer Feuchtigkeit des Substrates bei konstanter Umgebungstemperatur (25°C).

Die relative Feuchtigkeit (RF) des Umgebungssubstrates der Eier wurde nach der Formel

$$RF = \frac{m(f) - m(tr)}{m(f)} \cdot 100 \ [\%] \tag{19}$$

ermittelt, wobei *m(f)* und *m(tr)* die Massen des Feucht- und zugehörigen Trockensubstrates bezeichnen. Bei herkömmlichem Sand beläuft sich die relative Feuchtigkeit in der Regel auf 0 bis 30 %, wohingegen bei erdigem Substrat relative Feuchtigkeiten von über 50 % erzielt werden können (Schlamm).

Die Abhängigkeit der Embryogenesedauer von der relativen Feuchtigkeit des Umgebungssubstrates wird gemäß Abb. 20 durch eine Regressionskurve der Form

$$Dauer \ (d) = 0{,}001 RF(\%)^2 - 0{,}167 RF(\%) + 23{,}97 \tag{20}$$

beschrieben. Dabei liegt eine Anpassungsgüte R^2 von 0,268 vor, was aufgrund der recht breit gestreuten Daten als relativ akzeptabel erachtet werden kann.

Die oben dargelegten theoretischen Grundlagen finden im Computerprogramm EMBGROWTH ihren Eingang. Diese mithilfe von Microsoft EXCEL gestaltete Software ist auf wenige Ein- und Ausgabefenster beschränkt und gestattet unter Berücksichtigung entsprechender Rahmenbedingungen die Simulation von embryonalen Entwicklungszeiten und Wachstumsverläufen. Über das Eingangsfenster gelangt man zum Hauptmenü, in welchem zunächst der Button für die Modelldefinition angewählt werden kann. Im damit verbundenen Eingabefenster erfolgt die Definition der Transferraten k_1 und k_2 zwischen den beiden oben erläuterten Kompartimenten des Embryos und des Dotterkörpers. Nachdem es sich bei diesem Transfer um einen simplen Massenaustausch handelt, sind die in die Differentialgleichung (13) eingehenden Raten in mg d^{-1} anzugeben. In der Regel schwanken die Größenangaben zwischen 0,01 und 0,15 mg d^{-1}, wobei der Materietransport in Richtung Embryo wesentlich intensiver als jener in Richtung Dotterkörper abläuft. Da die Transferraten von Spezies zu Spezies zum Teil sehr unterschiedlich ausfallen, erscheint die händische Eingabe dieser Größen durchaus sinnvoll. Eine vernünftige Abschätzung der beiden Parameter kann auf Basis der zwei Abbildungen 18 und 19 vorgenommen werden. Wenn man eine konstante, von den Umweltbedingungen weitgehend unabhängige Endmasse des Embryos (m_{final}) annimmt, kann man für die Transferraten k_1 und k_2 folgenden einfachen Zusammenhang definieren:

$$k_1 = \frac{m_{final}}{Dauer} - k_2. \qquad (21)$$

Beträgt die finale Masse des Embryos beispielsweise 2 mg und ist zudem eine Embryogenesedauer von 20 d gegeben, so ergibt sich aus dem Quotienten der beiden Größen ein Wert von 0,1 mg d^{-1}. Setzt man in weiterer Folge für k_1 den zehnfachen Wert von k_2 fest, erhält man für die beiden Transferraten Werte von 0,09 mg d^{-1} beziehungsweise 0,009 mg d^{-1}, welche für entsprechende Wachstumssimulationen genutzt werden können. Hier besteht freilich die Einschränkung, dass für die gesamte Embryonalentwicklung unveränderliche Transferraten zur Anwendung gelangen. Experimentelle Untersuchungen konnten jedoch den Nachweis dafür erbringen, dass der zwischen Dotterkörper und Embryo stattfindende Massentransport deutlichen Schwankungen ausgesetzt ist. Dabei kann anhand der entsprechenden Wachstumsraten ein jeweils verringerter Massentransfer zu Beginn und am Ende der Embryogenese festgestellt werden, wohingegen mittlere Stadien der Keimesentwicklung durch erhöhte Transferaktivität gekennzeichnet sind [1-5, 95, 96-105].

In einem weiteren Eingabefeld können Umgebungstemperatur und relative Feuchtigkeit des Substrates festgelegt werden. Nachdem ein Zusammenhang zwischen diesen Größen und den oben erläuterten Massentransferraten besteht, kann die Eingabe der Parameter lediglich in einem eng begrenzten Rahmen erfolgen. Der unterste Bereich des Fensters erlaubt abschließend die Definition der embryonalen Körperlänge zum Zeitpunkt des Ausschlüpfens sowie die Angabe der Embryogenesedauer (Abb. 20).

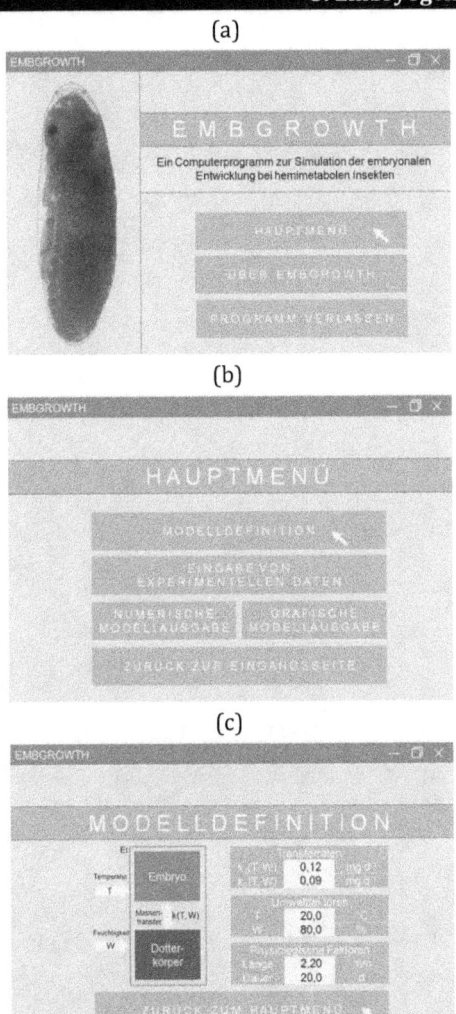

Abb. 20: Bestandteile des Computerprogramms EMBGROWTH: (a) Eingangsfenster, (b) Hauptmenü, (c) Modelldefinitionsfenster.

3. Embryogenesemodelle

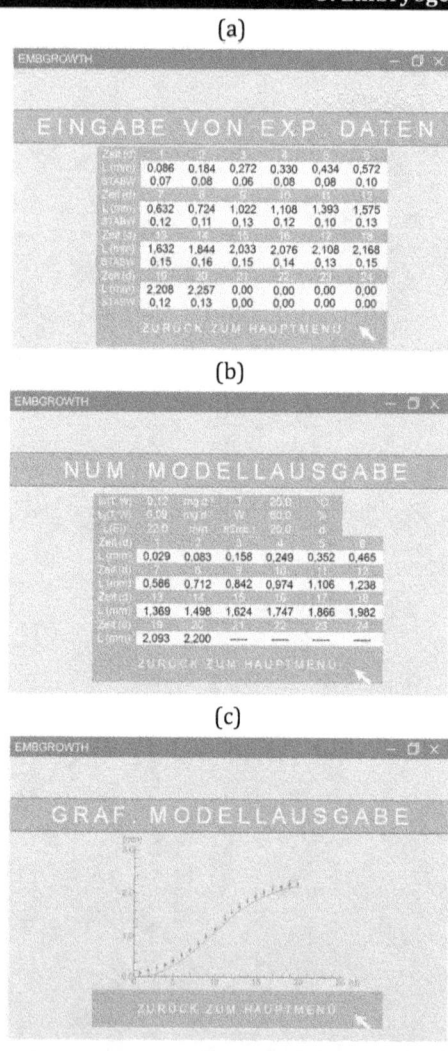

Abb. 21: Weitere Bestandteile des Computerprogramms: (a) Eingabe experimenteller Daten, (b) numerische Ausgabe, (c) grafische Ausgabe.

3. Embryogenesemodelle

Vom Hauptmenü gelangt man über einen weiteren verlinkten Button zum Eingabefenster für eventuell vorhandene experimentelle Daten. Hier können zeitabhängige Werte zur Körperlänge des Embryos vorgegeben werden, wobei die Möglichkeit zur Definition von Mittelwerten und zugehörigen Standardabweichungen besteht. Die maximale vom Programm zur Verfügung gestellte Zeitstrecke beträgt 24 Tage.

Die auf Basis der obigen Gleichungen berechneten Simulationsergebnisse kommen auf zweierlei Art und Weise zur Präsentation. Hier liegt zunächst die vom Hauptmenü anzuwählende numerische Modellausgabe vor, bei der die prädizierten Daten zur embryonalen Körperlänge in Form von Mittelwerten ausgegeben werden. Das entsprechende Ergebnisfenster gliedert sich in zwei Bereiche: Während im oberen Fensterabschnitt nochmals alle Eingabewerte in zusammengefasster Form ihre Darstellung finden, werden im daran anschließenden Bereich die theoretisch kalkulierten embryonalen Längendaten in Abhängigkeit von der Dauer der Embryogenese präsentiert. Das Modell ist zum gegenwärtigen Zeitpunkt noch nicht zur Berechnung von Streuparametern beziehungsweise Mittelwertsfehlern auf Basis einer Gauß'schen Fehlerfortpflanzung befähigt, da hierzu alle in die Berechnungen eingehenden Faktoren durch entsprechende Fehlerangaben ergänzt werden müssten (Abb. 21).

Aus dem Hauptmenü gelangt man ergänzend auch noch zum Fenster der grafischen Modellausgabe, welches insofern besonders erwähnenswert ist, als es eine Zusammenführung von experimentellen und hypothetischen Resultaten gibt und somit ein direkter Vergleich der beiden Datensätze ermöglicht wird. Das Fenster zeigt in seinem Zentrum ein bewusst sehr einfach gehaltenes X-Y-Diagramm, wobei auf der X-Achse die Zeit (d), auf der Y-Achse hingegen die embryonale Körperlänge (mm) aufgetragen ist. Die theoretischen Modellergebnisse finden in Gestalt einer stetigen Kurve ihre Darstellung, während passende Labor- beziehungsweise Felddaten anhand von Mittelwertspunkten und Streuungsbalken (MW +/- STABW) zur Abbildung gelangen. Diese Kombination erlaubt eine direkte Abschätzung der Modellgüte.

3. Embryogenesemodelle

3.2 Modellanwendung und -validation

Zum Zweck der Validation fand das oben beschriebene Modell bei Embryonen der australischen Feldgrille (*Teleogryllus commodus*) seine Anwendung. Hier wurden entsprechende Wachstumskurven der embryonalen Stadien für unterschiedliche Umgebungstemperaturen (20 °C, 25 °C, 30 °C) und konstante Substratfeuchtigkeit berechnet und mit passenden experimentellen Daten verglichen. Die Ergebnisse sind in den Abbildungen 22 und 23 zusammengefasst.

Bei einer Umgebungstemperatur von 20 °C beträgt die Dauer der Embryonalentwicklung exakt 20 d. Laut theoretischem Modell ist das Wachstum des ungeschlüpften Organismus durch einen sigmoidalen (leicht S-förmigen) Verlauf gekennzeichnet. Dieser weist in der Regel reduzierte Wachstumsraten zu Beginn und am Ende des Entwicklungsstadiums auf, wohingegen mittlere Phasen der Embryogenese höhere Wachstumsraten vorzuweisen vermögen. Der theoretisch ermittelte Wachstumsverlauf schmiegt sich gemäß dem unten präsentierten Grafen sehr gut an die im Labor gemessenen Entwicklungsdaten (Körperlängen) an und ist nahezu vollständig innerhalb der experimentellen Schwankungsbreite positioniert.

Wird die Umgebungstemperatur auf 25 °C erhöht, erfolgt im Allgemeinen eine Reduktion der Embryogenesedauer auf 15 d. Dies entspricht im Vergleich zur ersten Betrachtung (20 °C) einer Verringerung um genau 25 %. Da die Länge des vollständig ausdifferenzierten, kurz vor dem Schlüpfvorgang stehenden Organismus mit ca. 2,25 mm konstant bleibt, muss es logischerweise zu einer signifikanten Beschleunigung von dessen Wachstum mit drastischer Erhöhung der Wachstumsraten kommen. Gerade in der mittleren Entwicklungsphase kann eine Verdoppelung der Wachstumsrate beobachtet werden, wobei der Embryo innerhalb von sechs Tagen eine Zunahme der Körperlänge von mehr als 1 mm erkennen lässt. Wie schon im Falle der niedrigeren Umgebungstemperatur kann auch hier eine zum Teil perfekte Korrespondenz zwischen theoretischen und experimentellen Ergebnissen festgehalten werden.

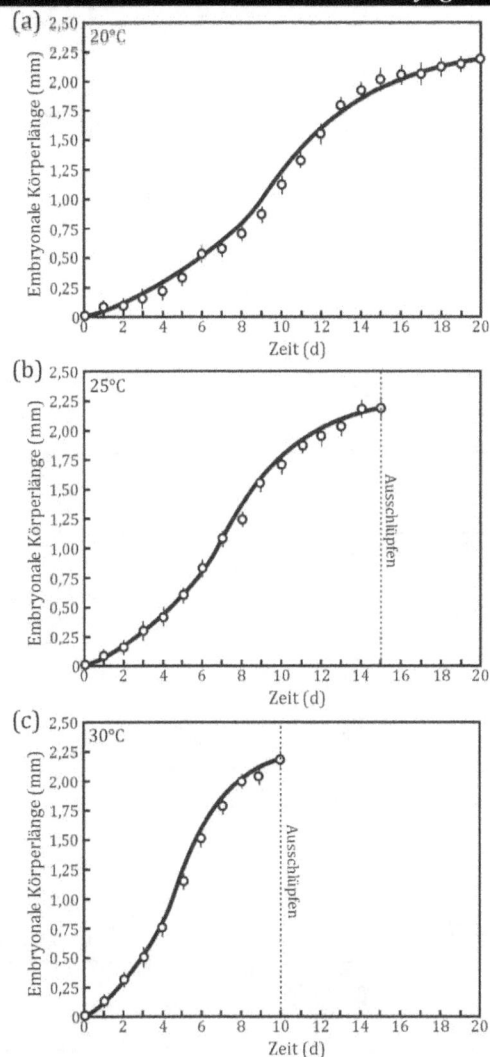

Abb. 22: Vergleich zwischen experimentellen (Kreise und Balken) und theoretischen embryonalen Wachstumsdaten.

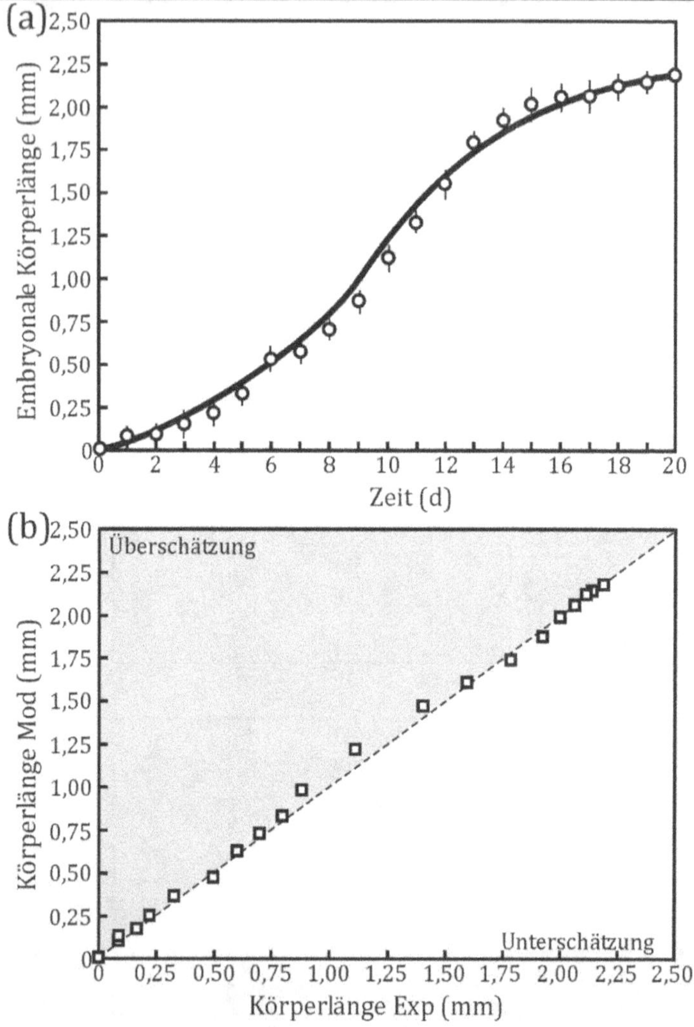

Abb. 23: Genauere Betrachtung jener für 20 °C betrachteten Wachstumskurve und direkte Gegenüberstellung von Resultaten aus Modell und Experiment.

3. Embryogenesemodelle

Wird die Umgebungstemperatur zuletzt noch auf 30 °C erhöht, kann im Wesentlichen eine Fortsetzung jenes oben beschriebenen Trends mit Verkürzung der Embryogenesedauer und Erhöhung der Wachstumsgeschwindigkeit konstatiert werden. Konkret ist bereits nach zehn Tagen das Ausschlüpfen der Nymphen aus den Eiern zu beobachten, wodurch sich im Vergleich zu 20 °C eine Verringerung der Entwicklungszeit von 50 % ergibt. Diese hochsignifikante Veränderung hat bei einer finalen Körperlänge von 2,25 mm einen abermaligen Anstieg der Neigung der Wachstumskurve zur Folge. So kann zwischen dem zweiten und achten Tag der Embryonalentwicklung eine Zunahme der Körperlänge des Organismus von knapp 2 mm festgestellt werden. Dabei treten mittlere Wachstumsraten von bis zu 0,5 mm d^{-1} auf.

Ein etwas umfangreicherer und genauerer Vergleich zwischen theoretischen und experimentellen Daten ist in Abbildung 23 gezeigt. Hier wurde die bereits beschriebene embryonale Wachstumskurve der australischen Feldgrille bei einer Umgebungstemperatur von 20 °C einer detaillierteren Analyse unterzogen. Wie schon in den vorangegangenen Paragrafen festgehalten werden konnte, ist die Anpassungsgüte zwischen hypothetischer Kurve und experimentellen Daten im Allgemeinen als gut bis hervorragend zu bewerten, wobei manche Datenpunkte direkt auf der vom Computermodell berechneten Funktion zu liegen kommen.

Bei direkter Gegenüberstellung von theoretischen und experimentellen Resultaten in einem entsprechenden X-Y-Diagramm (Abb. 23/b) ergibt sich ein noch wesentlich klareres Bild. Die in dieser Darstellung erzeugten Punkte sind größtenteils auf der ersten Mediane positioniert, wodurch eine weitgehende Übereinstimmung von Abszissen- und Ordinatenwerten zum Ausdruck gebracht wird. Als interessant lässt sich der Umstand bewerten, dass die in den frühen und mittleren Wachstumsphasen des Embryos generierten Körperlängen vom Modell mitunter geringfügig überschätzt werden, wobei entsprechende Abweichungen von den experimentellen Daten im niedrigen Prozentbereich liegen. Für die späte Wachstumsphase liefert die theoretische

Näherung hingegen in manchen Fällen ein wenig zu niedrige Werte ab (Unterschätzung). Die Abweichungen von den Laborergebnissen sind hier jedoch im Wesentlichen als vernachlässigbar zu betrachten.

3.3 Modellprädiktionen

Nachdem die teilweise exzellente Anpassungsgüte des zu Beginn des Kapitels vorgestellten Modells ihre Bestätigung gefunden hat, kann die theoretische Näherung des embryonalen Wachstumsverlaufs für verschiedene Vorhersagen genutzt werden, welche in den nachfolgenden Abbildungen 24 bis 27 zusammengefasst sind. Derartige Prädiktionen ergeben insbesondere dann einen Sinn, wenn es beispielsweise darum geht, die Effizienz einer Insektenzucht zu steigern und in möglichst kurzer Zeit eine hohe Populationsdichte zu erzeugen. Die Tiere können in weiterer Folge für Forschungszwecke oder als Nahrung für höhere Organismen (Amphibien, Reptilien) ihre gezielte Verwendung finden. Vorhersagen der Embryonalentwicklung und ihrer Abhängigkeit von verschiedenen Umweltparametern spielen aber auch für das Gesamtverständnis von Lebenszyklen gewisser Insekten eine übergeordnete Rolle. Gerade jene als Pflanzenschädlinge auftretenden Kerbtiere können unter Kenntnis der embryonalen und larvalen/nymphalen Entwicklungsverläufe wesentlich effektiver bekämpft werden.

Die Prädiktionen wurden allesamt für die australische Feldgrille vorgenommen, können aber bei geringfügiger Veränderung der Rahmenbedingungen auch auf zahlreiche andere hemimetabole Insekten übertragen werden. Eine erste Serie von Diagrammen beschäftigt sich mit der Abhängigkeit der mittleren und maximalen Wachstumsrate der Embryonen von Umgebungstemperatur und relativer Substratfeuchtigkeit. Hier kann generell festgestellt werden, dass innerhalb eines von 20 °C bis 30 °C reichenden Temperaturintervalls eine Zunahme der Wachstumsraten mit ansteigender Umgebungswärme eintritt. Unabhängig von der relativen Feuchtigkeit des Eiablagesubstrats lässt sich eine schrittweise Steigerung der Entwicklungsgeschwindigkeiten konstatieren, wobei die bei 30 °C generierten Wachstumsraten jene Werte, welche theoretisch bei 20 °C auftreten, im Durchschnitt um 30 % übertreffen. Es muss hier freilich ergänzend angemerkt werden, dass eine weitere Steigerung der Temperatur wiederum einen negativen Effekt auf die Embryogenese ausübt, da zu hohe Wärmesummen aus dem physiologischen Normbereich der Tiere fallen [1-5, 56].

Eine Steigerung der relativen Feuchtigkeit des Substrates hat zunächst eine positive Wirkung auf die embryonale Entwicklungsdauer der australischen Feldgrille. Der Übergang von trockenem (RF = 0 %) zu geringfügig befeuchtetem Substrat (RF = 10 %) hat eine Zunahme der mittleren und maximalen Wachstumsraten von durchschnittlich 25 % zur Folge. Dieser Trend findet bei weiterer Steigerung des Wassergehalts (RF = 20 %) keine wesentliche Fortsetzung mehr. Wird anstelle von mäßig feuchtem Substrat hingegen solches mit hohem Wassergehalt (RF ≥ 30 %) verwendet, tritt laut Computermodell eine sofortige Trendumkehr mit entsprechender Reduktion der Wachstumsraten um bis zu 50 % auf (Abb. 24, 25).

Bei näherer Betrachtung jener vom Modell prädizierten Idealbedingungen (30 °C, RF = 20 %) können mehrere bedeutende Feststellungen getätigt werden. Die für mittlere Entwicklungsstadien prognostizierte maximale Wachstumsrate der Embryonen nimmt demzufolge einen Wert von 0,164 mm d^{-1} an. Damit übertrifft sie die über die gesamte embryonale Phase gemittelte Wachstumsrate um 27 %. Das mathematische Verhältnis zwischen maximaler und mittlerer Wachstumsrate verfügt innerhalb des vorgegebenen Temperatur- und Feuchtigkeitsbereichs ohnedies über eine bemerkenswerte Konstanz, welche sich aus der Geometrie der theoretisch generierten Entwicklungskurve ergibt [95, 96].

Eine weitere Serie von Modellvorhersagen setzt sich mit der Abhängigkeit der embryonalen Entwicklungsdauer von Umgebungstemperatur und Substratfeuchtigkeit auseinander (Abb. 26, 27). Da diese Größe bei Annahme einer konstanten Endlänge des Embryos in direktem Zusam-

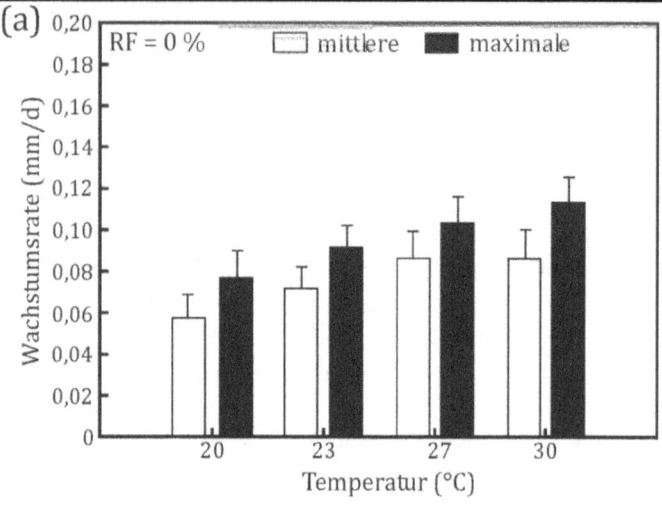

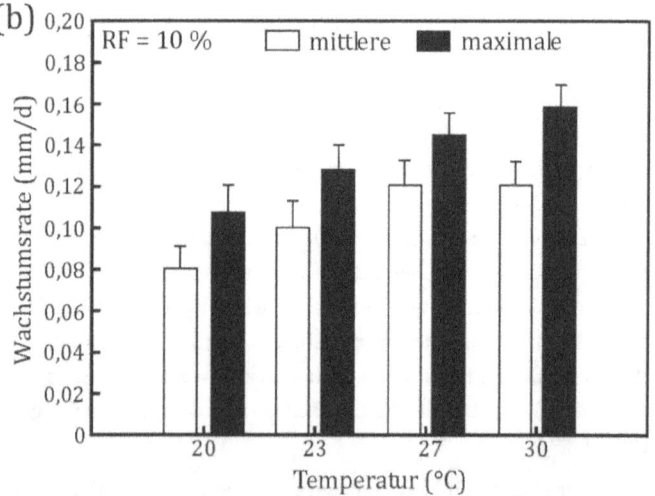

Abb. 24: Theoretische Abhängigkeit der embryonalen Wachstumsrate (MW ± STABW) von Umgebungstemperatur und relativer Feuchtigkeit des Substrates.

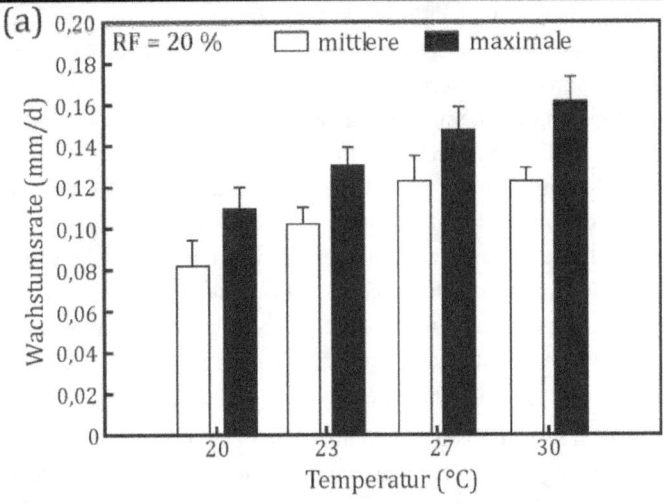

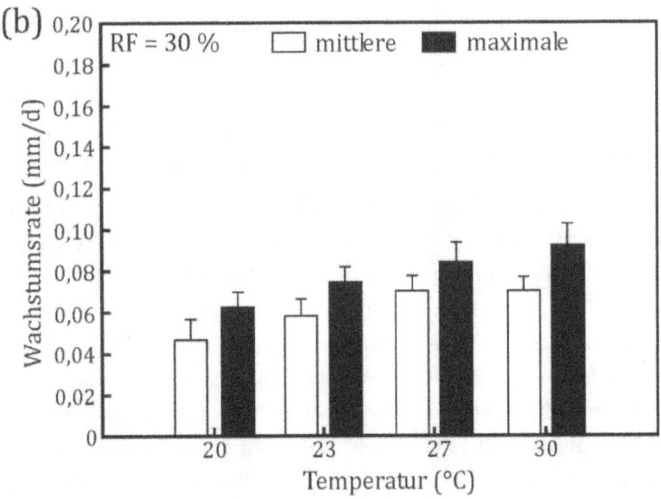

Abb. 25: Theoretische Abhängigkeit der embryonalen Wachstumsrate (MW ± STABW) von Umgebungstemperatur und relativer Feuchtigkeit des Substrates.

3. Embryogenesemodelle

menhang mit den oben diskutierten Wachstumsparametern steht, können hier sehr ähnliche Tendenzen wie zuvor beobachtet werden. Unabhängig vom Wassergehalt des Substrates kommt es mit steigender Umgebungstemperatur zu einer näherungsweise linearen Reduktion der Embryogenesedauer, so dass die Organismen bei 30 °C ihre Entwicklung im Schnitt doppelt so schnell vollziehen wie bei 20 °C. Eine Erhöhung der Substratfeuchtigkeit von 0 % auf 20 % geht Hand in Hand mit einer zusätzlichen Verringerung der Entwicklungsdauer, welche sich mit durchschnittlich 20 % bemessen lässt. Erfährt der Untergrund hingegen eine weitere Steigerung seines Wassergehaltes, so treten wiederum entgegengesetzte Tendenzen mit signifikanter Erhöhung der Embryogenesedauer auf.

Wenn man sich die vom Computermodell prädizierten Werte etwas näher vor Augen führt, kann man zunächst feststellen, dass die embryonale Entwicklungsdauer bei einer Umgebungstemperatur von 20 °C je nach relativer Substratfeuchtigkeit zwischen 18 und 25 d schwankt. Im Falle von 23 °C nimmt die Dauer Werte zwischen 17 d und 23 d an, wohingegen bei 27 °C embryonale Entwicklungszeiten von 13 d bis 18 d vorhergesagt werden können. Eine Umgebungstemperatur von 30 °C hat schließlich Entwicklungszeiten zwischen 10 und 15 d zur Folge.

Während die im Rahmen dieser Studie konstatierte umgekehrte Proportionalität zwischen Umgebungstemperatur und Embryogenesedauer hemimetaboler Insekten in der Fachliteratur ihre weitgehende Bestätigung findet [95-105], liegen zur Wirkung des Substratwassergehaltes auf diesen Entwicklungsprozess nur wenige Daten vor. Faktum ist hier sicherlich, dass Wasser eine essenzielle Rolle als Nahrungs- und Energieträger spielt und zudem einen Grundbaustein in der Biomolekülsynthese darstellt [1-5]. Wird dem Insektenei von außen kein oder nur sehr wenig Wasser zugeführt, so müssen die im Dotterkörper vorhandenen Ressourcen zur Gänze herangezogen werden. Wird umgekehrt eine ausreichende Menge an Wasser zugeführt, tritt eine deutliche Verschiebung der chemischen Reaktionen in Richtung Produkte und eine Beschleunigung der Syntheseprozesse auf [95, 96].

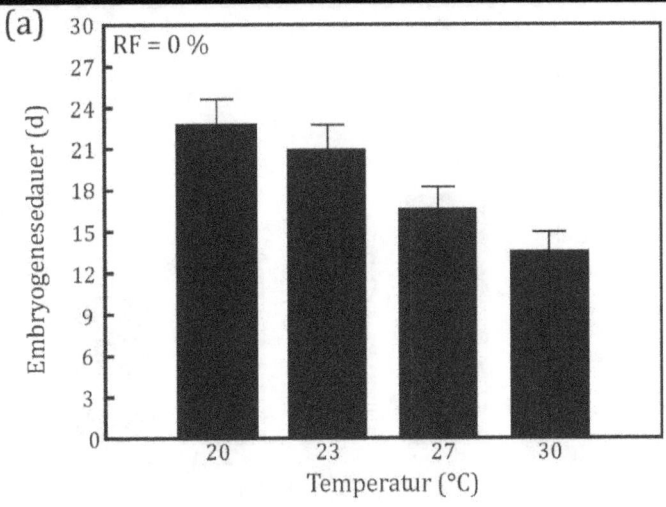
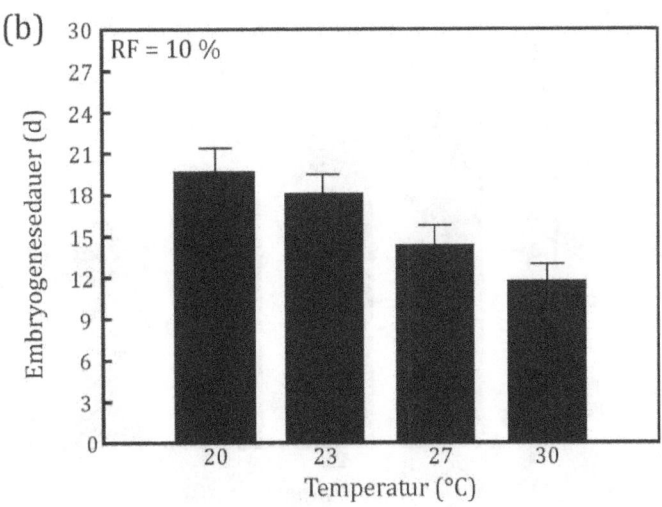

Abb. 26: Theoretische Abhängigkeit der Embryogenesedauer (MW ± STABW) von Umgebungstemperatur und relativer Feuchtigkeit des Substrates.

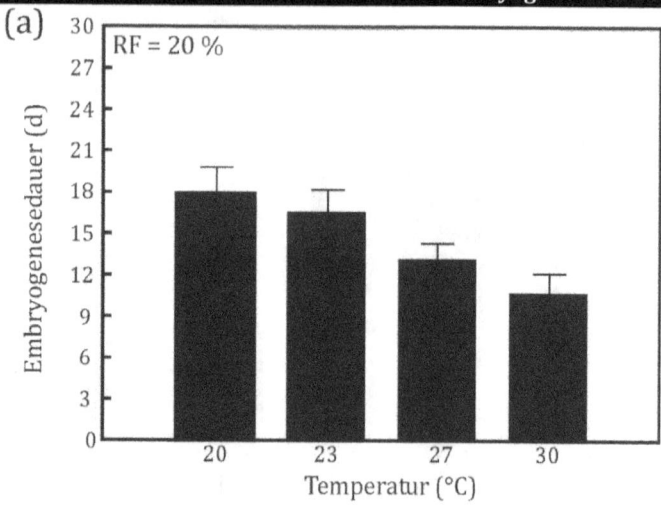
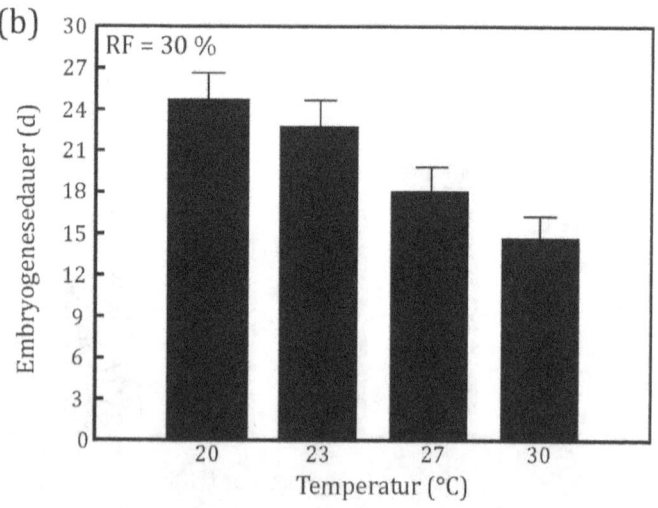

Abb. 27: Theoretische Abhängigkeit der Embryogenesedauer (MW ± STABW) von Umgebungstemperatur und relativer Feuchtigkeit des Substrates.

3.4 Zusammenfassende Bemerkungen

Bei zusammenfassender Betrachtung der oben vorgestellten Ergebnisse gelangt man zu dem Schluss, dass das vorliegende, auf zwei Kompartimenten (Embryo, Dotterkörper) beruhende Computermodell zur Embryonalentwicklung hemimetaboler Insekten recht brauchbare Vorhersagen abzuliefern vermag. So lassen sich Wachstumsraten und -geschwindigkeiten des embryonalen Organismus zu allen Zeitpunkten der Keimesentwicklung mit entsprechender Genauigkeit berechnen und für weiterführende Fragen verwerten. Nach gegenwärtigem Kenntnisstand wird der Wachstumsverlauf eines Embryos nur von wenigen externen Faktoren beeinflusst, unter denen die Umgebungstemperatur und der Wassergehalt (Nährstoffgehalt) des umliegenden Substrates sicherlich eine übergeordnete Rolle spielen. Zukünftige Untersuchungen sollten hier auf die Identifizierung weiterer maßgeblicher Einflussfaktoren abzielen. So wäre etwa denkbar, dass die Substratbeschaffenheit (Erde, Sand, Torf), die Dichte beziehungsweise Luftdurchlässigkeit des Untergrundes oder die Anzahl der abgelegten Eier innerhalb eines vorgegebenen Substratvolumens positiv oder negativ auf die Embryonalentwicklung wirken könnten.

Wie in den beiden vorangegangenen Abschnitten ausführlich festgehalten werden konnte, übt die Umgebungstemperatur innerhalb eines gewissen physiologisch plausiblen Rahmens einen positiven Effekt auf die embryonale Entwicklungsgeschwindigkeit aus. Dies hat freilich zur Folge, dass der hemimetabole Organismus in seinem geschlossenen System in immer kürzerer Zeit zu seiner endgültigen Größe heranwächst und die in Kapitel 1 vorgestellten Entwicklungsstadien in wesentlich kürzeren Abständen aufeinanderfolgen. Wie anhand mikroskopischer Studien nachgewiesen werden konnte [31, 32], stehen die einzelnen embryonalen Phasen unabhängig von der Umgebungstemperatur in einem konstanten zeitlichen Verhältnis zueinander, so dass gewisse Stadien keinesfalls eine überproportionale Verkürzung erfahren. Aus experimentellen Untersuchungen an der Mittelmeerfeldgrille

3. Embryogenesemodelle

(*Gryllus bimaculatus*) geht ferner hervor, dass die Embryogenesedauer innerhalb eines physiologischen Temperaturrahmens auf maximal 50 % verkürzt werden kann [21]. Ähnliche Resultate ließen sich auch für zahlreiche andere Grillenspezies gewinnen [5, 32]. Trotz des klar nachweisbaren Effektes der Umgebungstemperatur auf das Wachstum der Embryonen sind hinsichtlich dieser thermischen Wirkung noch etliche Fragen unbeantwortet. So gibt es beispielsweise keine Daten darüber, inwieweit sich im Substrat ein Wärmegradient aufbaut, durch den tiefer liegende Eier mit einem anderen Temperaturniveau konfrontiert werden als höher liegende Eier. Auch weiß man kaum noch darüber Bescheid, wie die Temperatur im Einzelnen auf die Komponenten des Dotterkörpers wirkt und den Massentransport zwischen diesem Kompartiment und dem Embryo zu beeinflussen vermag.

Der Wassergehalt des Substrates wirkt den theoretischen Überlegungen zufolge nur bis zu einem gewissen Grad positiv auf die Entwicklungsgeschwindigkeit des Embryos. Sowohl sehr niedrige als auch sehr hohe Substratfeuchtigkeit bedingen im Allgemeinen eine Steigerung der Embryogenesedauer, wohingegen mittelgradige Feuchtigkeitswerte (10-20 %) verkürzend auf diesen Wachstumsprozess wirken. Die Modellprädiktionen werden bis zu einem gewissen Grad von diversen Freilandstudien unterstützt [66-69], wo die Lebenszyklen freilebender Insekten einer genaueren Betrachtung unterzogen wurden. Gerade zahlreiche Orthopteren vermögen durch Mechanosensoren, welche auf der Spitze des Ovipositors platziert sind, eine genaue Prüfung des ihnen zur Verfügung stehenden Eiablagesubstrates vorzunehmen. Dabei findet möglichst lockeres und gut befeuchtetes Material gegenüber hartem und trockenem Untergrund den klaren Vorzug [41-44, 106-108]. Auf die Rolle von Wasser als Energieträger, biochemischer Grundbaustein und Transportmedium wurde bereits im vorigen Abschnitt eingegangen. Dessen genaue Einflussnahme auf den Materieaustausch zwischen Dotterkörper und Embryo ist jedoch in zukünftigen Studien noch möglichst genau abzuklären. ■■■■■■■■

4 – COMPUTERMODELLE ZUR NYMPHOGENESE AUSGEWÄHLTER HEMIMETABOLA

4.1 Modellbeschreibung

Bis zur Mitte des 20. Jahrhunderts vertrat man in der entomologischen Forschung die Hypothese, dass Wachstum und Reifeprozess eines Insekts einzig als Resultat der Nahrungsaufnahme auszusehen wären [3, 109-114]. Heute besitzt man unter anderem von der Tatsache Kenntnis, dass holometabole Kerbtiere ihr larvales Wachstum zeitweilig von der direkten Nahrungsaufnahme abzukoppeln und auf körpereigene Energiereserven zurückzugreifen vermögen. In Verbindung mit diesem Prozess spielen Insektenhormone wie JH (Juvenilhormon), EH (eclosion hormone) oder PTTH (prothoracicotropic hormone) sowie die von diesen Botenstoffen induzierten intrazellulären Signalkaskaden eine übergeordnete Rolle [56, 115-120].

Wie für die Fruchtfliege (*Drosophila melanogaster*) demonstriert werden konnte, wird das Wachstum des Körpers und einzelner Organe noch zusätzlich durch sogenannte DILPs (*Drosophila* insulin-like peptides) kontrolliert, wobei die quantitative Produktion dieser Hormone von der Menge des aufgenommenen Futters abhängt und in kleinen zellulären Clustern des Insektengehirns stattfindet (Abb. 28). Die Intensität des larvalen Wachstums steht in engem Zusammenhang mit der Konzentration von DILPs in der Hämolymphe. Hier besteht unter Forscherkreisen die allgemeine Auffassung, dass diese Hormone in erster Linie für die Regulierung der Nährstoffabsorption aus der Hämolymphe in die Zellen der wachsenden Organe verantwortlich zeichnen [3, 5, 56, 121, 122].

In Bezug auf das von Hormonen kontrollierte, nymphale Wachstum der hemimetabolen Insekten bestehen zahlreiche Ähnlichkeiten mit den oben erläuterten Holometabola. Jene durch eine unvollständige

4. Nymphogenesemodelle

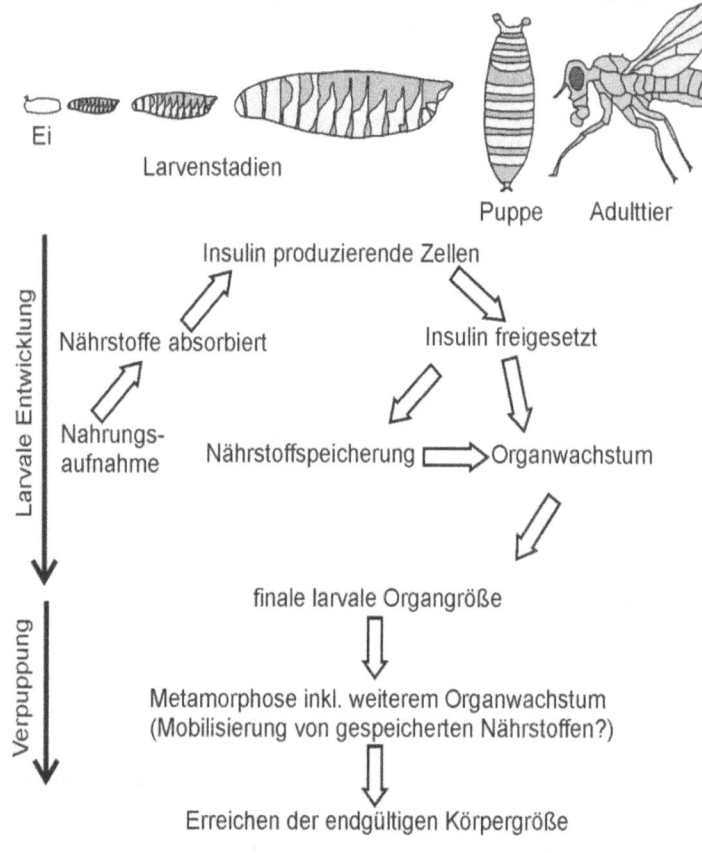

Abb. 28: Allgemeines Schema zur Beschreibung jener physiologischen Prozesse, welche hinter dem Wachstum von Insekten stehen. Die hier gezeigten Abläufe beziehen sich zwar auf Kerbtiere mit vollständiger Entwicklung (Holometabola), können jedoch auch auf Hemimetabola übertragen werden, indem man das Verpuppungsstadium streicht und das Larvenstadium durch das Nymphenstadium ersetzt. Wie dem Schema sehr deutlich entnommen werden kann, spielt das Hormon Insulin beim Wachstum von Insekten eine übergeordnete Rolle [123].

4. Nymphogenesemodelle

Entwicklung gekennzeichneten Insektenspezies produzieren während der Jugendentwicklung in der Regel eine wesentlich höhere Anzahl an Häutungsstadien, wodurch sich der entsprechende Lebensabschnitt der Tiere beträchtlich in die Länge ziehen kann [33-35]. Aus experimentellen Untersuchungen konnte unter anderem die Erkenntnis gewonnen werden, dass sich jedes nymphale Stadium eines hemimetabolen Insekts durch spezifische Wachstumsraten und damit eng verbundene Konzentrationen verschiedener Wachstumshormone auszeichnet [3, 5, 56].

Moderne Modelle, welche das larvale beziehungsweise nymphale Wachstum von Insekten simulieren, basieren weitestgehend auf dem in Abbildung 29 illustrierten Nahrungs- und Hormonzyklus [35, 124]. Bei näherer Betrachtung dieses Kreislaufs ist zu berücksichtigen, dass durch die Abhängigkeit der DILP-Konzentration von der Qualität und Quantität der aufgenommenen Nahrung letztendlich ein Zusammenhang zwischen physiologischen Prozessen auf der einen Seite und Umweltbedingungen auf der anderen geschaffen wird.

Als maßgebliche Umweltfaktoren mit teils signifikanter Einflussnahme auf das nymphale Wachstum hemimetaboler Insekten konnten in der Vergangenheit die Umgebungstemperatur, die Zusammensetzung der angebotenen Nahrung sowie die Populationsdichte (Individuen pro Flächeneinheit) identifiziert werden [33-35]. Am intensivsten befasste sich die entomologische Forschung bislang mit der Wirkung der Temperatur auf die Jugendentwicklung, wobei hier erste theoretische Ansätze in das frühe 20. Jahrhundert datieren [49-53]. Diese mathematischen Modelle konnten bereits den Beweis dafür erbringen, dass konstante und variable Umgebungstemperaturen zum Teil ganz unterschiedliche Effekte auf poikilotherme Organismen auszuüben vermögen. Um dieser Tatsache im Zuge der unterschiedlichen Kalkulationen gerecht zu werden, wurde letztlich das Gesetz von den sogenannten Effektivtemperaturen definiert. Bei fluktuierenden thermischen Verhältnissen entspricht die Effektivtemperatur dem arithmetischen Mittel aus höchster und niedrigster Temperatur.

4. Nymphogenesemodelle

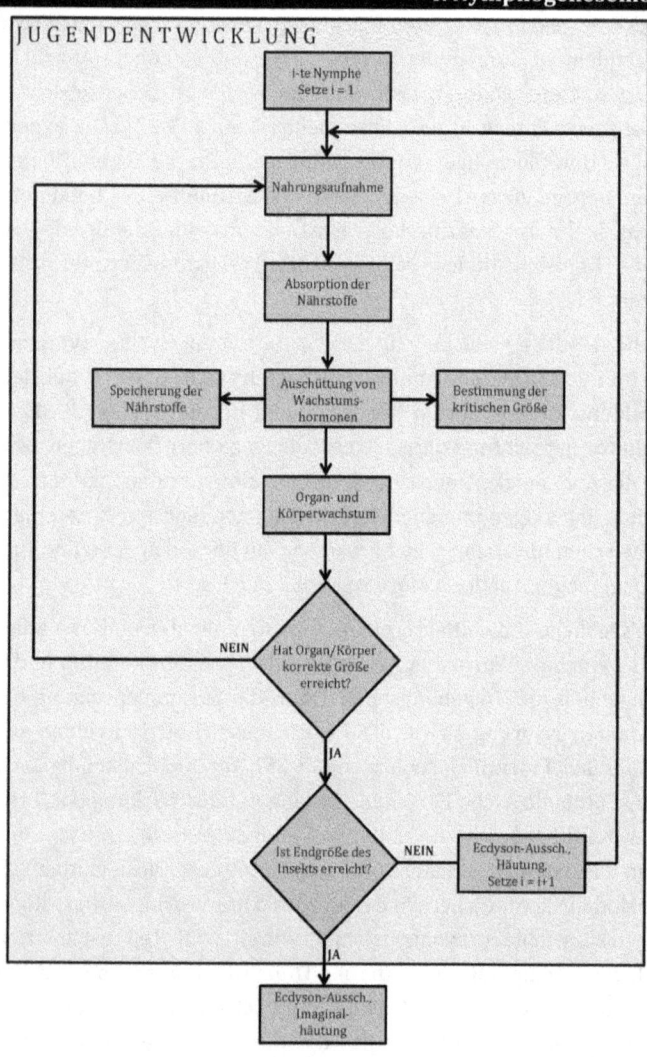

Abb. 29: Flussdiagramm zur Veranschaulichung jener physiologischen Prozesse, welche hinter dem Wachstum einzelner Nymphen stehen.

4. Nymphogenesemodelle

Während der vergangenen Jahrzehnte wurde mehrfach der Versuch einer Quantifizierung des Effekts der Umgebungstemperatur auf die Insektenentwicklung unternommen. Dabei gelangten insbesondere jene Kerbtierspezies zur näheren Betrachtung, welche entweder über vermehrte ökonomische Bedeutung verfügen oder eine maßgebliche Rolle als Modellorganismen spielen [122, 123]. Entsprechende mathematische Ansätze durchschritten einen Evolutionsprozess, welcher mit simplen deterministischen oder empirischen Beschreibungen des Zusammenhangs zwischen Temperatur und Entwicklung seinen Anfang nahm [33-35]. Durch Implementierung des oben erwähnten Gesetzes der Effektivtemperatur erfolgte die Entwicklung von linearen Modellen, bei denen die reziproken Entwicklungsraten als Funktion der Entwicklungsnulltemperatur, der Umgebungstemperatur und des Kehr-

Modellformel	Beschreibung	Zitat
$1/D = c/(1+\exp(a+b \cdot T))$ für $T \leq T_{opt}$ $1/D = c/(1+\exp(a+b \cdot (2T_{opt}-T)))$ für $T > T_{opt}$	Stinner-Modell (nichtlinear)	[125]
$1/D = \psi \cdot (1/(1+k \cdot \exp(-\rho \cdot T)) \cdot \exp(-(T_{max}-T)/\Delta))$	Logan-Modell	[126]
$1/D = a \cdot T^3 + b \cdot T^2 + c \cdot T + d$	Polynom 3. Grades	[127]
$1/D = \exp(\rho \cdot T) - \exp(\rho \cdot T_{max} - (T_{max}-T)/\Delta)) + \lambda$	Lactin-Modell	[128]
$1/D = a \cdot T \cdot (T-T_{min}) \cdot (T_{max}-T)^{1/2}$	Briere-Modell 1	[129]
$1/D = a \cdot T \cdot (T-T_{min}) \cdot (T_{max}-T)^{1/2m}$	Briere-Modell 2	[129]
$1/D = \rho \cdot (a-T/10) \cdot (T/10)^{\beta}$	Einfaches β-Typ-Modell	[130]
$1/D = a/(1+b \cdot T + c \cdot T^2)$	Inverses Polynom 2. Grades	[131]

Tab. 2: Ausgewählte nichtlineare Modelle, welche den Einfluss der Umgebungstemperatur (T) auf die Entwicklungsdauer (D) unterschiedlicher Insekten zur Darstellung bringen. Die mit lateinischen und griechischen Buchstaben bezeichneten Koeffizienten werden in den jeweiligen Studien näher erläutert.

4. Nymphogenesemodelle

wertes einer insektenspezifischen thermischen Konstante zum Ausdruck gebracht werden [125-131]. Der zuletzt genannte Parameter repräsentiert dabei ein einfaches Maß für jene physiologische Zeit, welche zur Vollendung des Entwicklungsprozesses benötigt wird. Seine Darstellung erfolgt im Allgemeinen in °C·h oder °C·d (Tab. 2).

Innerhalb jenes thermischen Bereichs, der für eine gewisse Insektenart als physiologisch plausibel erachtet werden kann, gelten lineare Modelle vielfach als adäquate Näherungen zur Deskription des Zusammenhangs zwischen Temperatur und Entwicklung. Sie berücksichtigen jedoch nicht den Umstand, dass die Entwicklungsraten bei extremen Umweltbedingungen nicht mehr den linearen Trends zu folgen vermögen. In diesen spezifischen Fällen kann vielmehr eine Nichtlinearität zwischen abhängiger und unabhängiger Variable festgestellt werden [36, 124].

Computermodelle, welche den gesamten Temperaturbereich eines bestimmten Insekts abdecken und demzufolge auch nichtlineare Prädiktionen beinhalten, wurden erstmals in den 1970er Jahren konzipiert und fanden zur gezielten Bekämpfung von Schädlingen ihre Verwendung [125-131]. Mittlerweile hat die Anzahl jener nichtlinearen Näherungen, welche das Insektenwachstum über eine breite Temperaturspanne simulieren, eine bemerkenswerte Höhe erreicht (Tab. 2). All diese theoretischen Ansätze haben gemeinsam, dass die Entwicklungsraten bei optimalen Temperaturen ihr Maximum entwickeln, jedoch in Richtung der unteren und oberen Entwicklungsnulltemperatur außerhalb des thermischen Präferenzrahmens einen raschen Abfall erleiden [3, 5, 56, 34-36, 124].

Die aktuellsten Modelle sind in der Lage, die Jugendentwicklung von Insekten nach biophysikalischen Maßstäben zu simulieren. Diese biophysikalischen Näherungen basieren in der Hauptsache auf der Hypothese, dass das larvale beziehungsweise nymphale Wachstum als Resultat spezifischer Enzymkonformationen und damit verbundener enzymatischer Reaktionen zu betrachten sei. Die Enzymreaktionen wiederum stehen unter dem starken Einfluss der thermischen Bedingungen in unmittelbarer Umgebung des Organismus. Die empirischen Gleichungen von Van't Hoff, Arrhenius und Eyring [36, 124] gelten gemeinhin als Grundlage für die Formulierung der biophysikalischen Modelle. Diese Ansätze zeichnen sich durch den Umstand aus, dass Entwicklungsraten innerhalb eines bevorzugten Temperaturbereichs exponentiell ansteigen und nach Erreichen eines Maximalwertes wiederum einen linearen oder exponentiellen Abfall vollziehen.

Das im Rahmen dieser Monografie zur Vorstellung kommende Wachstumsmodell für Nymphen von hemimetabolen Insekten basiert im Wesentlichen auf einer exponentiellen Größenzunahme der einzelnen Individuen. Zudem werden die Wachstumsraten einzelner Häutungsstadien durch externe Faktoren (Klima, Nahrung, intra- und interspezifische Konkurrenz) maßgeblich beeinflusst. Wenn man zunächst von einem simplifizierten einphasigen Wachstumsmodell mit entsprechender Einflussnahme der Temperatur ausgeht (Abb. 30), kann man folgende mathematische Grundformel definieren:

$$\frac{dK}{dt} = W \cdot K. \tag{22}$$

Dabei beschreibt K die nymphale Körperlänge (mm), während W die totale Wachstumsrate (mm d^{-1}) repräsentiert. Letztere Größe gehorcht der Gleichung

$$W = W_i + W_h \cdot j, \tag{23}$$

in der W_i der intrinsischen Wachstumsrate, W_h dagegen der hormonellen Wachstumsrate entspricht. Der multiplikative Faktor j bestimmt das Ausmaß von W_h und variiert demzufolge zwischen 0 und 1. Daraus folgt schließlich, dass die totale Wachstumsrate Werte zwischen W_i (minimaler DILP-Level) und $W_i + W_h$ (maximaler DILP-Level) anzunehmen vermag [36, 123, 124].

Als mathematische Lösung der Gleichung (22) erhält man eine Exponentialfunktion der Form

$$K(t) = K_0 \cdot e^{W \cdot t}, \tag{24}$$

in welcher K_0 für die initiale Körperlänge der Nymphe (mm) und t für die Zeit (d) steht. Um die Einflussnahme der Umgebungstemperatur auf das nymphale Wachstum in gebührendem Maße zum Ausdruck zu bringen, kann man sich einer der in Tabelle 2 vorgestellten Modellfunktionen bedienen.

Wie neuere experimentelle Untersuchungen an verschiedenen Insekten zeigen, ist die Wachstumsrate während der Jugendentwicklung keineswegs als konstant zu erachten. Im Falle von holometabolen Kerbtieren konnte nachgewiesen werden, dass jedes Häutungsstadium einen zweiphasigen Wachstumsprozess durchschreitet. Die Festlegung entsprechender Wachstumsraten wurde hier vor und nach dem Erreichen einer kritischen Körperlänge vorgenommen, wodurch sich letztlich eine aus zwei unabhängigen Kurven bestehende Wachstumsfunktion ergab [36, 132-136]. Bei hemimetabolen Insekten sind bezüglich der Jugendentwicklung weitestgehend sehr ähnliche Annahmen zu tätigen [137-150]. Die höchste Vorhersagegenauigkeit erhält man gerade dann, wenn jedes nymphale Häutungsstadium hinsichtlich seines Wachstumsverhaltens einer separaten Analyse unterzogen wird.

Als wesentliche Simplifikation des einphasigen Wachstumsmodells gilt die Definition einer durchschnittlichen Wachstumsrate gemäß der mathematischen Gleichung

$$\overline{W} = \frac{\ln K_E - \ln K_0}{L}. \qquad (25)$$

Dabei repräsentiert K_E die endgültige Körperlänge des Individuums, während L der Länge der nymphalen Wachstumsperiode (d) entspricht. Wie anhand experimenteller Studien an der Mittelmeerfeldgrille demonstriert werden konnte [21, 65], stellt die während der gesamten Nymphogenese vollzogene Nahrungsaufnahme der Tiere keineswegs einen konstanten Faktor dar, wodurch auch die hormonelle Wachstumsrate deutlichen Schwankungen unterliegt. Die Zufuhr von Nährstoffen folgt vielmehr einer parabolischen Funktion mit niedrigen Werten zu Beginn und am Ende der Entwicklung und einem Maximum bei mittleren Stadien. Als relevanter Parameter zur geziel-

4. Nymphogenesemodelle

ten Beschreibung dieses Phänomens kann die oben vorgestellte Größe j herangezogen werden, welche sich mithilfe der folgenden mathematischen Formel beschreiben lässt:

$$j = j_{min} - \left(\frac{D^2 - DL}{\frac{L^2}{4}}\right) \cdot z. \tag{26}$$

In der obigen Gleichung repräsentiert j_{min} den Minimalwert von j, wohingegen der Faktor z zur Festlegung der Spannweite von j dient. Die Variable D schließlich verkörpert einen ausgewählten Zeitpunkt innerhalb der nymphalen Entwicklungphase. Nimmt man beispielsweise für j_{min} einen Wert von 0,5 und für z ebenfalls einen Wert von 0,5 an, so schwanken die Wert für j innerhalb des Intervalls [0,5, 1].

Eine wesentliche Steigerung der Aussagegenauigkeit lässt sich dadurch erzielen, dass man das einphasige Wachstumsmodell durch ein Multiphasenmodell ersetzt, bei dem jedes nymphale Häutungsstadium einer getrennten Betrachtung unterzogen wird. Aus mathematischer Sicht sind die Gleichungen (22)-(26) auf einzelne Phasen der Jugendentwicklung zu adaptieren, wobei sich Gleichung (22) zu

$$\frac{dK^n}{dt} = W^n \cdot K^n \tag{27}$$

ändert. Das Superskriptum n bezeichnet dabei jenes im Mittelpunkt der Betrachtung stehende Häutungsstadium. Für die in die obige Formel eingehende Wachstumsrate ergibt sich demzufolge

$$W^n = W_i^n + W_h^n \cdot j^n. \tag{28}$$

Die Lösung der modifizierten Differentialgleichung lautet nun

$$K^n(t) = K_0^n \cdot e^{W^n \cdot t}, \tag{29}$$

wobei K_0^n die initiale Körperlänge des n-ten nymphalen Häutungsstadiums beschreibt.

Die innerhalb einer gegebenen Phase auftretende mittlere Wachstumsrate gehorcht der Formel

$$\overline{W^n} = \frac{\ln K_E^n - \ln K_0^n}{L^n}, \tag{30}$$

4. Nymphogenesemodelle

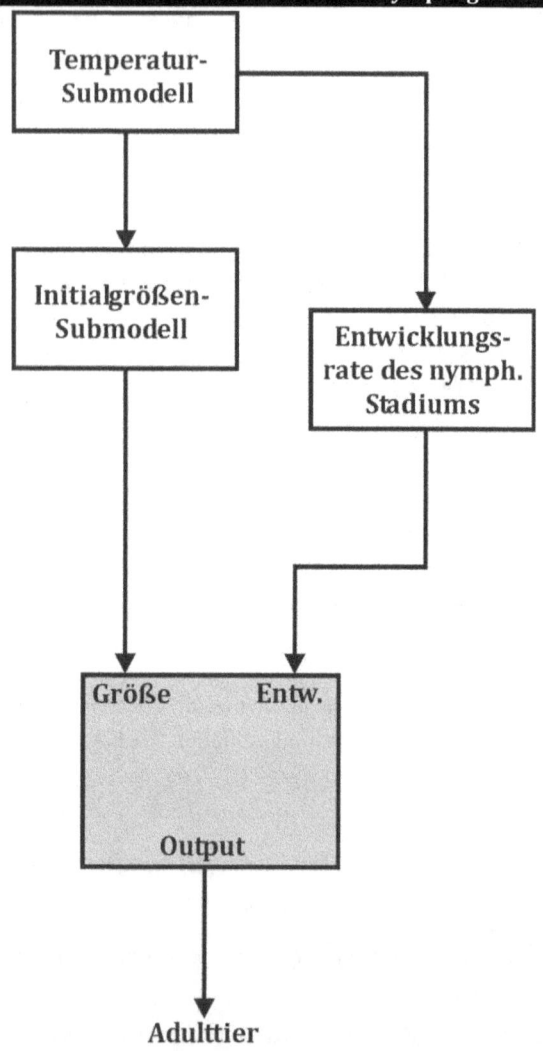

Abb. 30: Grundmodell yur Beschreibung des nymphalen Wachstums hemimetaboler Insekten.

4. Nymphogenesemodelle

in welcher L^n der Dauer des n-ten nymphalen Stadiums entspricht. Der in Gleichung (28) vorgestellte Parameter j^n, der den Beitrag hormoneller Prozesse zum Gesamtwachstum des Insekts beziffert, basiert nun auf der Formel

$$j^n = j^n_{min} - \left(\frac{D^{n\,2}-D^n L^n}{\frac{L^{n\,2}}{4}}\right) \cdot z^n. \tag{31}$$

Wenn man beispielsweise für jedes Häutungsstadium eine Länge von zehn Tagen annimmt und für die Parameter $j_{min}{}^n$ und z^n wiederum die Werte 0,5 einsetzt, erhält man jeweils am fünften Tag des betreffenden Stadiums einen Maximalwert für j^n.

Zur Ermittlung der totalen nymphalen Körperlänge hat man die für jedes Häutungsstadium verwendeten Differentialgleichungen zusammenzuführen, so dass man schlussendlich folgenden Ausdruck erhält:

$$K^{tot} = K_0^1 \cdot e^{W^1 \cdot L^1} + \left(K_0^2 \cdot e^{W^2 \cdot L^2} - K_0^2\right) + \cdots \\ + \left(K_0^m \cdot e^{W^m \cdot L^m} - K_0^m\right). \tag{31}$$

In der obigen Formel bezeichnet $L^1 ... L^m$ die Zeitspannen der einzelnen nymphalen Häutungsstadien, wobei m der Anzahl der Häutungen innerhalb der Nymphogenese entspricht und eine von externen Faktoren stark beeinflussbare Größe darstellt.

In Abbildung 31 ist ein auf den oben vorgestellten Gleichungen basierendes Multiphasenmodell zur Beschreibung des jugendlichen Wachstums hemimetaboler Insekten illustriert. Neben dem Hauptmodell, welches sein Hauptaugenmerk auf die hinter dem Insektenwachstum stehende Dynamik lenkt, gibt es noch mehrere Submodelle, die sich mit dem Einfluss externer Faktoren auf den Entwicklungsprozess auseinandersetzen. Neben dem bereits angesprochenen Klima-Submodell, welches unter anderem entsprechende Temperatureffekte abdeckt, gibt es auf Basis des gegenwärtigen Kenntnisstandes noch ein Konkurrenz- und ein Nahrungs-Submodell. Beide Näherungen fließen in Form von Polynomfunktionen in das Hauptmodell ein, wobei erhöhte Nahrungszufuhr positiv, erhöhter Konkurrenzdruck hingegen negativ mit den Wachstumsraten korreliert [5, 34-36, 124].

4. Nymphogenesemodelle

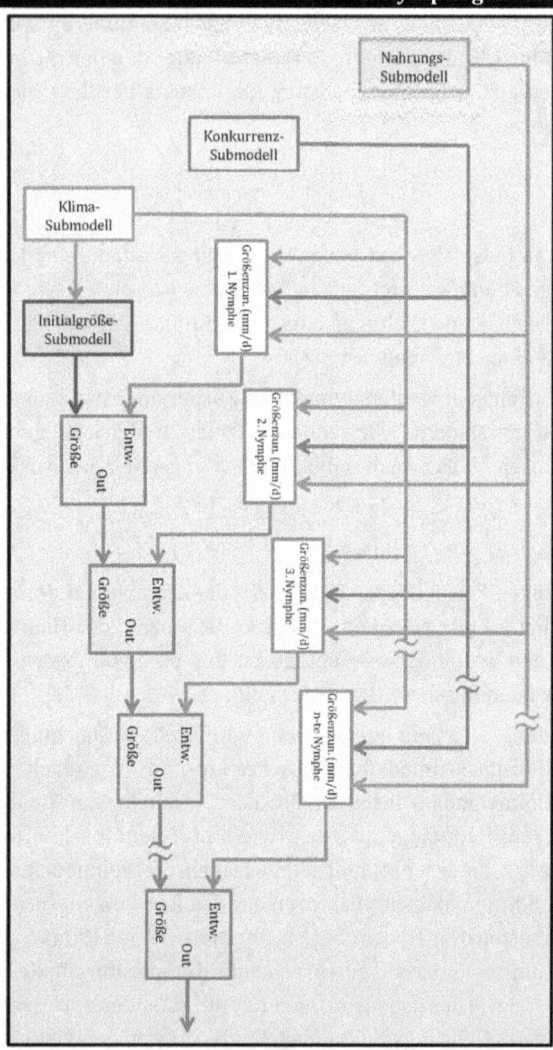

Abb. 31: Hauptmodell zum nymphalen Wachstum mit Berücksichtigung von Einfluss nehmenden, externen Faktoren.

4.2 Modellanwendung und -validation

Hypothetische Wachstumsverläufe wurden zunächst unter der Annahme einer nymphalen Anfangslänge von 2 mm, einer finalen Körperlänge von 22 mm und der Entwicklung von zehn Häutungsstadien mit jeweils gleicher Länge (10 d) getätigt. Entsprechende Simulationen wurden dabei sowohl mit dem Ein- als auch mit dem Multiphasenmodell vorgenommen. Für alle Berechnungen gelangte eine konstante Umgebungstemperatur von 25 °C zur Anwendung. Die Ergebnisse der Kalkulationen sind in Abbildung 32 zusammengefasst.

Eine Variation der Modellausgabe wurde insofern erreicht, als für den oben erläuterten Parameter j unterschiedliche Spannweiten zur Definition kamen. Wenn man das Hauptaugenmerk zunächst auf das einphasige Modell richtet, erhält man unter Annahme von j = 0,5-1,0 eine regelmäßige sigmoidale Funktion, welche sich über den vordefinierten Zeitraum von 100 d erstreckt und die höchsten Wachstumsraten (= Steigungen der Kurve) zwischen dem 50. und 80. Tag der Nymphogenese entwickelt. Das Multiphasenmodel generiert bei identischen Werten für j eine stufenförmige Funktion, wobei jede Stufe das Wachstumsverhalten eines einzelnen Häutungsstadiums charakterisiert. Als wesentliche Diskrepanz zwischen den beiden Näherungen kann das Erreichen der finalen Körperlänge zu unterschiedlichen Zeitpunkten angesehen werden. Diese stellt sich beim mehrphasigen Modell wesentlich rascher als beim einphasigen Modell ein (Abb. 32/a).

Erfolgt eine Einengung der Spannweite von j auf 0,7-1.0, tritt bei beiden theoretischen Ansätzen eine deutliche Beschleunigung des nymphalen Wachstums auf, welche insbesondere in der zweiten Hälfte der Jugendentwicklung maßgeblich zu Buche schlägt. Dies wiederum hat zur Folge, dass sich der Abschluss des Längenwachstums zu immer früheren Zeitpunkten der Nymphogenese verschiebt. Der erörterte Trend findet bei weiterer Einengung von j auf 0,9-1,0 seine ungestörte Fortsetzung. Darüber hinaus fällt bei Betrachtung der einzelnen Wachstumskurven auf, dass die auf dem Multiphasenmodell basierende Kurve eine zunehmende Glättung erfährt (Abb. 32/b, c).

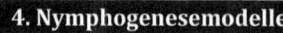

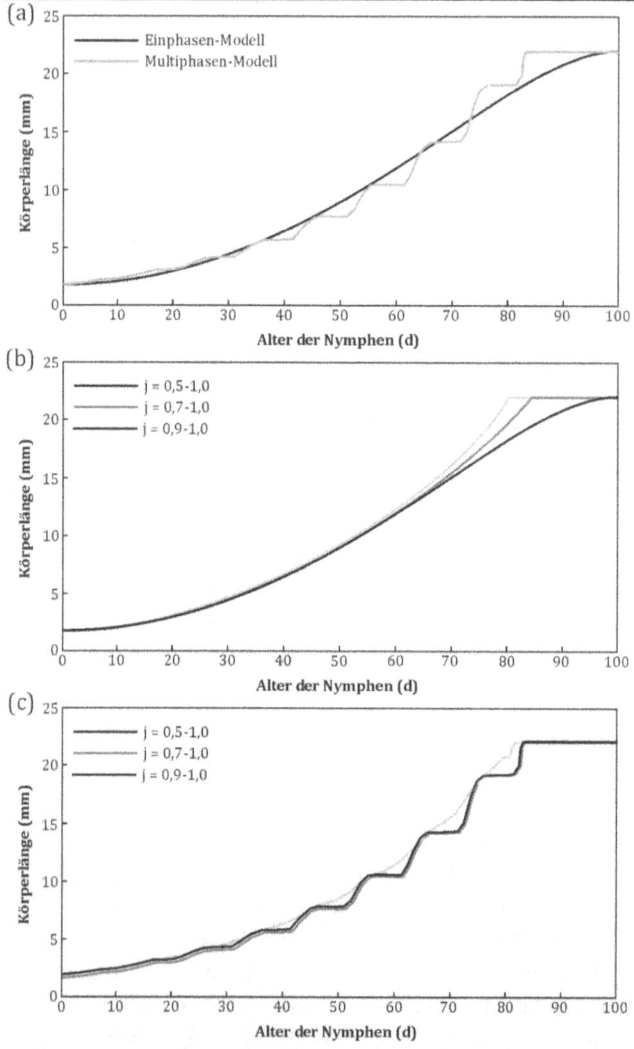

Abb. 32: Nymphale Wachstumskurven auf Basis des Einphasen- und Multiphasen-Modells bei Variation der hormonellen Wachstumsrate.

4. Nymphogenesemodelle

Die Validation des oben vorgestellten Wachstumsmodells wurde unter Zuhilfenahme experimenteller Entwicklungsdaten der beiden Grillenspezies *Acheta domesticus* und *Teleogryllus commodus* vorgenommen. Dabei gelangte lediglich die einphasige Näherung mit mittlerer Wachstumsrate während der gesamten Jugendentwicklung zum Einsatz. In den Laborstudien wurde die Nymphogenese der besagten Grillen bei Umgebungstemperaturen von 20 °C, 25 °C und 30 °C quantitativ untersucht [34-36, 124].

Die Ergebnisse der theoretischen und experimentellen Studien am Heimchen sind in Abbildung 33 zusammengefasst. Die hypothetische Wachstumskurve, welche in Form einer Mittelwertsfunktion (+/- Standardabweichung) zur Darstellung gelangt, lässt einen kontinuierlichen Anstieg erkennen. Dieser deutet auf eine sukzessive Zunahme der Wachstumsrate einzelner Individuen hin. Gegen Ende der Entwicklung gelangt die Größenzunahme zum Stillstand und die Tiere behalten bis zur Adulthäutung ihre Körperlänge bei. Wie den jeweiligen Diagrammen recht deutlich zu entnehmen ist, fügen sich die experimentellen Datenpunkte größtenteils sehr gut in den Bereich der theoretischen Vorhersage ein, wodurch auf den ersten Blick eine zufriedenstellende Modellgüte attestiert werden kann.

Bei einer Umgebungstemperatur von 20 °C kann eine durchschnittliche Dauer der Jugendentwicklung von 110 d ermittelt werden. Dieser Wert sinkt bei 25 °C auf 85 d und schließlich bei 30 °C auf 60 d. Damit tritt im Falle der ersten Temperaturerhöhung eine zeitliche Verkürzung von 22,7 %, im Falle der zweiten Temperaturerhöhung hingegen eine Verkürzung von 29,4 % auf.

Die durchschnittliche nymphale Wachstumsrate nimmt bei einer Umgebungstemperatur von 20 °C einen Wert von 0,18 mm d^{-1} an und lässt sich für 25 °C mit 0,23 mm d^{-1} und für 30 °C mit 0,33 mm d^{-1} beziffern. Hier kann insgesamt eine Zunahme von 83,3 % konstatiert werden. Bei direktem Vergleich von Modelldaten und Ergebnissen der Laborexperimente in einem entsprechenden X-Y-Diagramm kann eine weitge-

4. Nymphogenesemodelle

hende Bestätigung der oben angesprochenen Anpassungsgüte vorgefunden werden. Die zur Untermauerung dieses Arguments berechneten Pearson'schen Korrelationskoeffizienten belaufen sich auf 0,97 (20 °C), 0,98 (25 °C) und 0,97 (30 °C).

Bei näherer Betrachtung der australischen Feldgrille können sehr ähnliche Wachstumsverkäufe der Nymphen wie beim Heimchen beobachtet werden. Eine Umgebungstemperatur von 20 °C hat hier zur Folge, dass die durchschnittliche Dauer der Jugendentwicklung 120 d beträgt. Durch eine Steigerung der Temperatur auf 25 °C wird diese Zeitspanne auf 90 d reduziert, und eine weitere Anhebung der Temperatur auf 30 °C führt zu einer Verkürzung der Nymphogenese auf 70 d. In Prozenten ausgedrückt bedeutet dies im ersten Fall eine Reduktion um exakt 25 % und im zweiten Fall eine Reduktion um 28,6 %. Hier wird klar ersichtlich, dass der Temperaturanstieg von 25 °C auf 30 °C eine höhere Effizienzsteigerung der Jugendentwicklung nach sich zieht als der Anstieg von 20 °C auf 25 °C (Abb. 34).

Wenn man sich wiederum den durchschnittlichen Wachstumsraten zuwendet, kann man ebenfalls deutliche Analogien zum Heimchen erkennen. Bei der niedrigsten hier betrachteten Umgebungstemperatur (20 °C) bemisst sich dieser Faktor auf geradeeinmal 0,18 mm d^{-1}, wohingegen er bei 25 °C und 30 °C Werte von 0,24 mm d^{-1} und 0,31 mm d^{-1} annimmt. Damit ergibt sich insgesamt eine Zunahme von 72,2 %. Wie schon bei *Acheta domesticus* kann auch bei *Teleogryllus commodus* eine größtenteils vorzügliche Korrelation zwischen theoretischen und experimentellen Ergebnissen festgehalten werden. Dieser Umstand wird durch sehr hohe Pearson'sche Korrelationskoeffizienten von 0,98 (20 °C), 0,99 (25 °C) und 0,99 (30 °C) sehr deutlich zum Ausdruck gebracht.

An dieser Stelle muss ergänzend erwähnt werden, dass das einphasige Wachstumsmodell die experimentellen Daten zwar in den gegebenen Fällen auf exzellente Weise nachzuvollziehen vermag, jedoch für zahlreiche Fragestellungen (z. B. Wachstumsverhalten einzelner Häutungs-

4. Nymphogenesemodelle

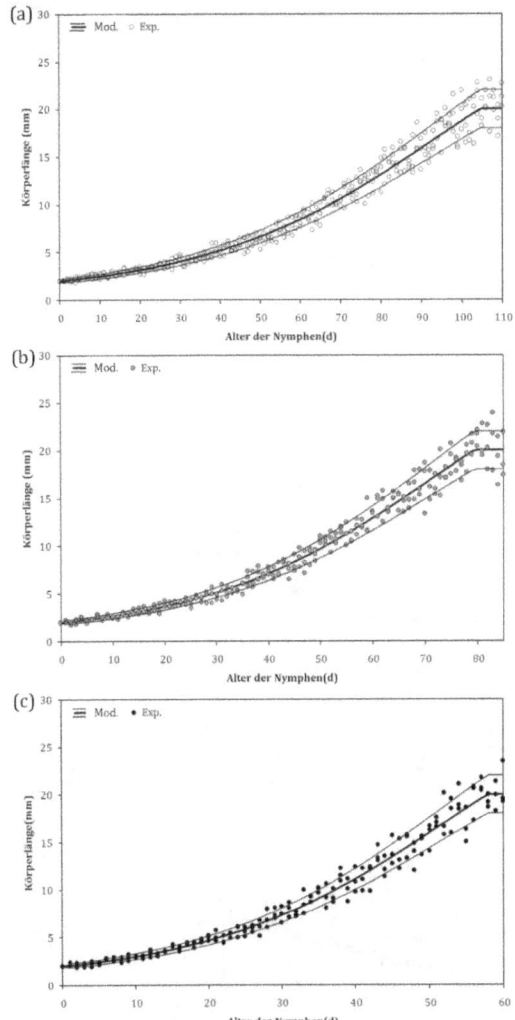

Abb. 33: Validation des nymphalen Wachstumsmodells am Beispiel des Heimchens: (a) 20 °C, (b) 25 °C, (c) 30 °C.

4. Nymphogenesemodelle

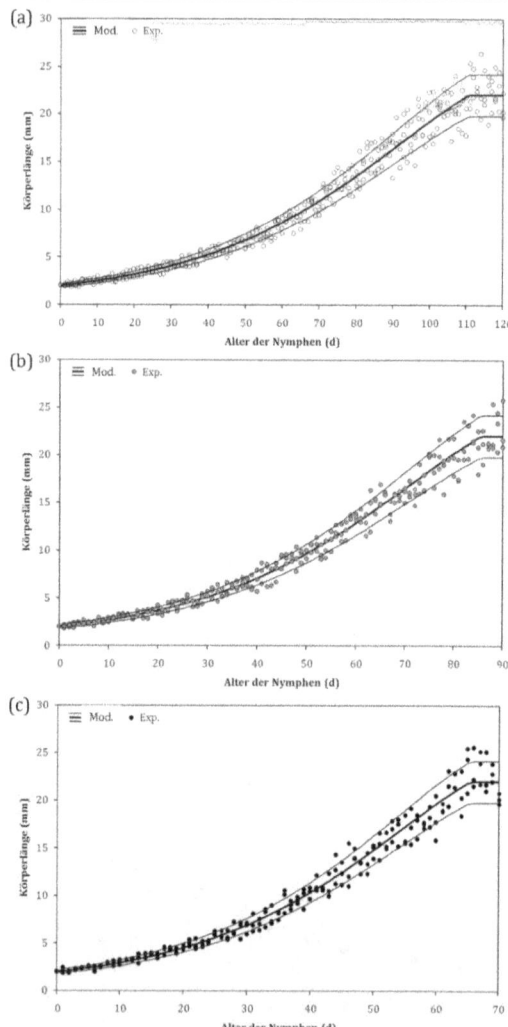

Abb. 34: Validation des nymphalen Wachstumsmodells am Beispiel der australischen Feldgrille: (a) 20 °C, (b) 25 °C, (c) 30 °C.

stadien, Änderung der Umweltbedingungen innerhalb der Jugendentwicklung) als nicht ausreichend bewertet werden muss. Hier sind in Zukunft gezielte Laborexperimente zur Validation des Multiphasenmodells vorzunehmen.

4.3 Modellprädiktionen

Bei den erweiterten Simulationen wurden die Wirkung des Eiweißgehaltes in der Nahrung und der Effekt der Populationsdichte auf den Verlauf der Jugendentwicklung einer näheren Betrachtung unterzogen. In Hinblick auf den ersten Parameter wurden Proteingehalte von 10 %, 30 % und 50 % definiert, während der zweite Parameter anhand zweier Werte (100 Individuen m^{-2}, 200 Individuen m^{-2}) zur Testung gelangte.

Wenn man sich zunächst die mittlere und maximale Wachstumsrate der Nymphen vor Augen führt, kann man bereits eine deutliche Einflussnahme der oben besagten Umweltfaktoren feststellen. Laut Modellvorhersagen bedingt ein steigender Proteingehalt in der den Tieren angebotenen Nahrung eine kontinuierliche Beschleunigung der Jugendentwicklung. Dieser Effekt tritt unabhängig von der den Berechnungen zugrunde gelegten Umgebungstemperatur auf und zeigt somit eine gewisse Abkopplung von den thermischen Bedingungen. Im Allgemeinen führt eine Erhöhung des Eiweißgehaltes von 10 % auf 50 % zu einer Steigerung der Wachstumsraten um 10 bis 25 %. Wenig überraschend liegt die höchstmögliche Wachstumseffizienz bei maximaler Umgebungstemperatur und maximalem Proteingehalt vor, wobei zwischen den beiden externen Faktoren ein deutlicher Summationseffekt aufgebaut wird (Abb. 35).

Auch der Einfluss der Populationsdichte auf die Geschwindigkeit der Jugendentwicklung kann mithilfe des theoretischen Modells sehr klar herausgearbeitet werden. Wird die Anzahl der pro Flächen- beziehungsweise Volumeneinheit gehaltenen Individuen verdoppelt, kommt es unabhängig von der Umgebungstemperatur zu einer verifi-

4. Nymphogenesemodelle

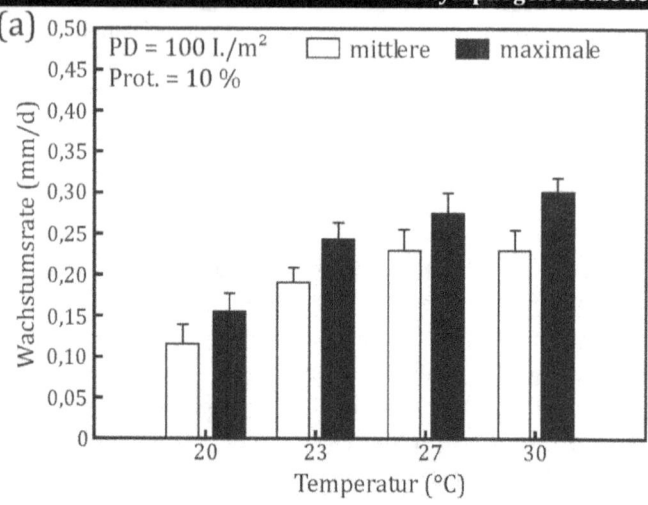

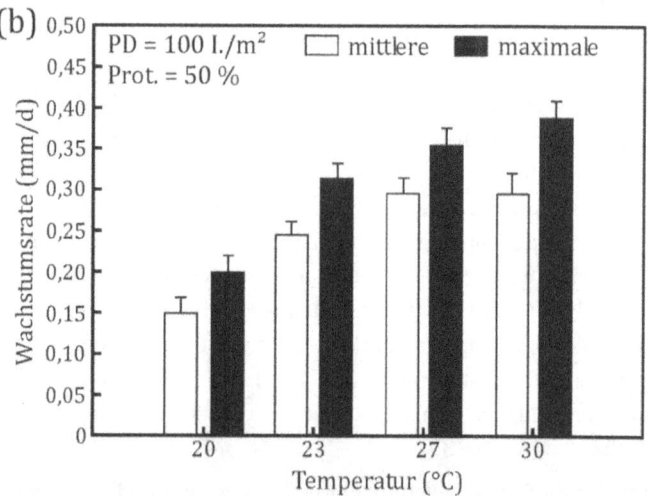

Abb. 35: Simulation der mittleren und maximalen Wachstumsrate (MW ± STABW) von Nymphen bei unterschiedlichem Proteingehalt der Nahrung (Prot.) und konstanter Populationsdichte (PD) [I. = Individuen].

4. Nymphogenesemodelle

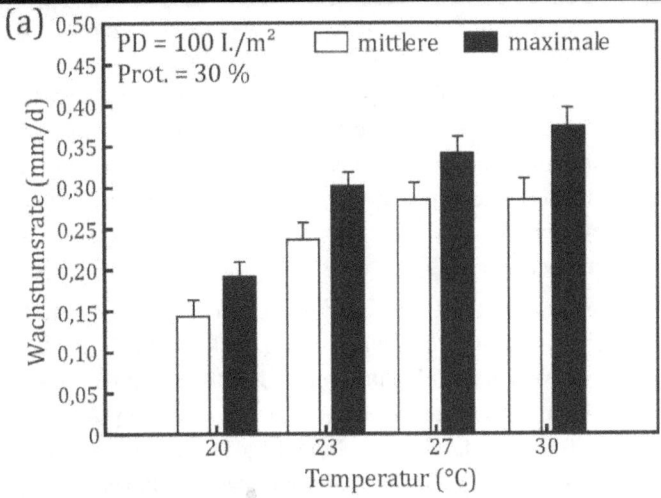

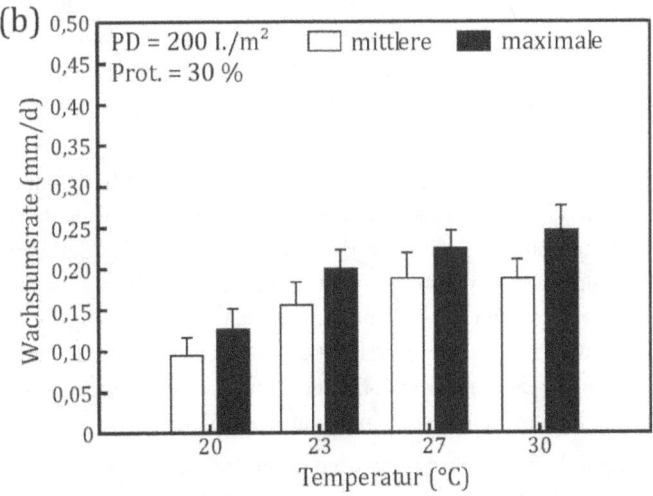

Abb. 36: Simulation der mittleren und maximalen Wachstumsrate (MW ± STABW) von Nymphen bei verschiedenen Populationsdichten (PD) und konstantem Proteingehalt in der Nahrung (Prot.) [I. = Individuen].

zierbaren Reduktion der Wachstumsgeschwindigkeit einzelner Nymphen. Konkret hat eine Erhöhung der flächen- beziehungsweise raumbezogenen Individuenzahl von 100 auf 200 eine Reduktion der Wachstumsraten von 15 bis 30 % zur Folge. Demzufolge zeigt die Populationsdichte eine zu Umgebungstemperatur und Nahrungszusammensetzung antagonistische Wirkung, welche die beiden oben beschriebenen effizienzsteigernden Effekte bis zu einem gewissen Grad zu kompensieren vermag (Abb. 36).

Die soeben erläuterten Phänomene wirken sich klarerweise auch auf die Dauer der Jugendentwicklung aus. Die diesbezüglichen Modellprädiktionen sind in den Abbildungen 37 und 38 zusammengefasst. Bei einer Erhöhung des Proteingehaltes in der angebotenen Nahrung von 10 % auf 50 % reduziert sich die Nymphogenesedauer laut mathematischer Näherung um 10 bis 20 %. Nimmt man eine Umgebungstemperatur von 30 °C und eine Populationsdichte von 100 Individuen m^{-2} an, so kann eine Verkürzung der Jugendentwicklung von ursprünglich 68 d (10 % Proteingehalt) auf 56 d berechnet werden. Damit liegt im Vergleich zur längsten möglichen Entwicklungszeit (120 d) eine Reduktion von weit mehr als 50 % vor.

Die Anhebung der Populationsdichte von 100 auf 200 Individuen m^{-2} hat gemäß den Modellkalkulationen eine Steigerung der Nymphogenesedauer um 10 bis 25 % zur Konsequenz. Bei genauerer Betrachtung einer Umgebungstemperatur von 30 °C und eines nahrungsbezogenen Proteingehaltes von 30 % kann eine Verlängerung der jugendlichen Entwicklungszeit von ursprünglich 60 d auf 72 d vorhergesagt werden. Hier schlägt sich der bereits oben genannte kompensatorische Effekt sehr klar auf die Dauer der Nymphogenese nieder.

In Summe kann durch den theoretischen Ansatz sehr klar zum Ausdruck gebracht werden, dass externe Umweltfaktoren auf unterschiedliche Weise auf die Jugendentwicklung hemimetaboler Insekten einwirken. Innerhalb eines multivariaten Systems können im Allgemeinen verstärkende und abschwächende Effekte unterschieden werden.

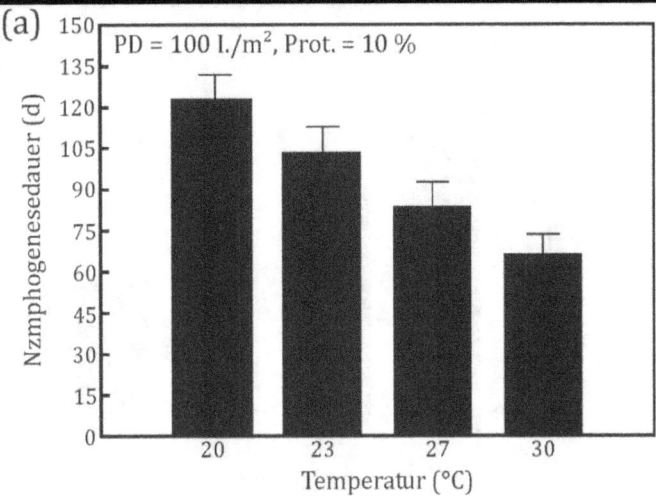

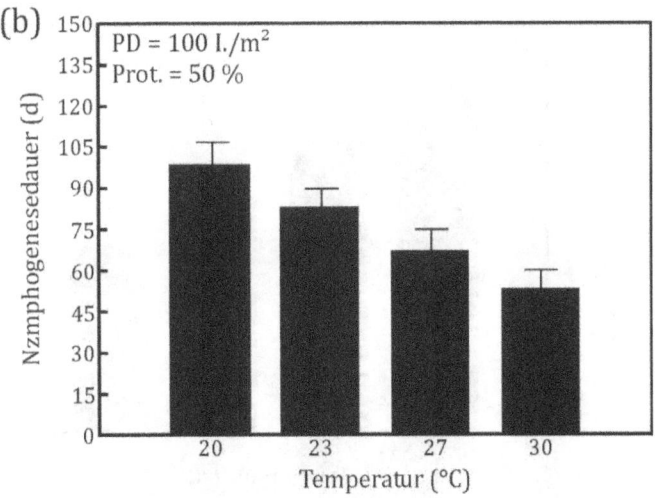

Abb. 37: Simulation der Entwicklungsdauer (MW ± STABW) von Nymphen bei unterschiedlichem Proteingehalt der Nahrung (Prot.) und konstanter Populationsdichte (PD) [I. = Individuen].

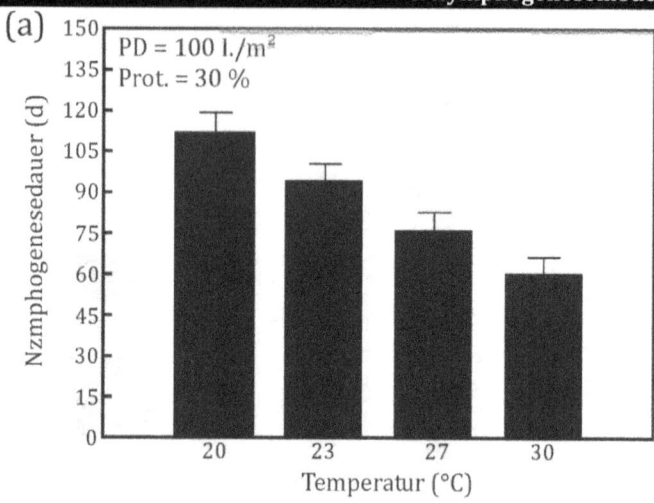

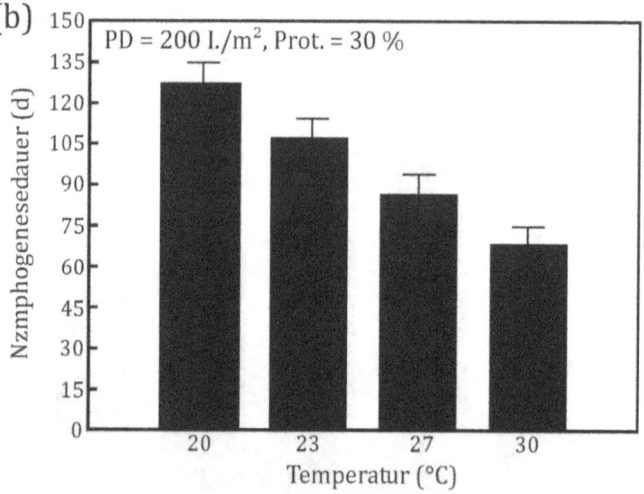

Abb. 38: Simulation der Entwicklungsdauer (MW ± STABW) von Nymphen bei unterschiedlichen Populationsdichten (PD) und konstantem Proteingehalt in der Nahrung (Prot.) [I. = Individuen].

4. Nymphogenesemodelle
4.4 Zusammenfassende Bemerkungen

Am Ende dieses Kapitels kann die Feststellung getroffen werden, dass sich das mathematische Modell zur Simulation der Nymphogenese hemimetaboler Insekten wesentlich komplexer als die entsprechende Näherung des embryonalen Wachstums gestaltet. Dieses Phänomen ist mehreren Umständen zu verdanken: Zum einen gliedert sich die Jugendentwicklung in mehrere Stadien auf, welche weitgehend unabhängig voneinander agieren und auf unterschiedliche Art und Weise ihrer Umgebung entgegentreten. Bei Orthopteren können je nach betrachteter Spezies zwischen 5 und 14 derartige Phasen differenziert werden, wobei der Häutungsprozess den Übergang von einer Phase in die nächste markiert. Zum anderen sind die Jungtiere während ihres Wachstumsprozesses mit wesentlich mehr Umweltfaktoren konfrontiert als die innerhalb der schützenden Eihülle gelagerten Embryonen. Neben Klima und Nahrungsressourcen spielen bei heranwachsenden Nymphen insbesondere Konkurrenzkämpfe eine entscheidende Rolle, wobei mit steigender Individuendichte auch der auf das einzelne Tier wirkende Stress eine signifikante Erhöhung erfährt. Wie sich intra- beziehungsweise interspezifische Konkurrenz im Detail auf die Wachstumsphysiologie hemimetaboler Insekten auswirkt, kann bis zum heutigen Tage nur ansatzweise beantwortet werden und verlangt demzufolge noch ein hohes Maß an Forschungsbemühungen.

Die Modellberechnungen brachten zunächst das nicht sehr überraschende und durch experimentelle Daten abgesicherte Ergebnis, dass die Dauer der Nymphogenese von der Umgebungstemperatur beeinflusst wird. Eine Erhöhung dieses Umweltfaktors hat dabei eine sukzessive Verkürzung der Jugendentwicklung zur Folge. Bei zahlreichen Orthopteren kann alleine durch die Steigerung der Temperatur von 20 °C auf 30 °C eine nahezu 50%-ige Reduktion der Nymphogenesedauer erreicht werden. Da die Körperlänge subadulter Individuen als näherungsweise konstant zu erachten ist, tritt eine signifikante Erhöhung der mittleren Wachstumsrate der Tiere auf. Die in den Abbildungen 34 und 35 zusammengefassten theoretischen und experimentellen Resul-

4. Nymphogenesemodelle

tate haben mehrere Konsequenzen: Für die Zucht von Futtertieren bedeuten sie, dass durch lediglige Regulierung des Faktors Temperatur bereits sehr deutliche Effizienzsteigerungen zu erzielen sind. Für die Land- und Forstwirtschaft hingegen gelten sie als Zeichen dafür, dass jegliche Klimaerwärmungen zu enormen Vergrößerungen der Populationen von Nutz- und Schadinsekten führen können [1-5, 56, 124].

Wie die weiterführenden Simulationen ergaben, vermag auch die Qualität der zugeführten Nahrung (Proteingehalt) einen messbaren Effekt auf die Jugendentwicklung hemimetaboler Insekten auszuüben. Eine Steigerung des Eiweißgehaltes bedingt hier eine teils signifikante Beschleunigung des nymphalen Wachstums. Als Erklärungsansatz für dieses Phänomen könnte unter anderem gelten, dass dem Organismus höhere Konzentrationen an molekularen Baustoffen zugeführt werden, welche eine raschere Vergrößerung einzelner Körperteile und Organe verursachen. Hier ist wiederum auf Kapitel 2 zu verweisen, wo eine maßgebliche Steigerung der Fekundität mit dem Proteingehalt der Nahrung festgehalten werden konnte. Aus biochemischer Sicht führt eine stark erhöhte Konzentration an Edukten dazu, dass sich das Reaktionsgleichgewicht kontinuierlich in Richtung Produkte verschiebt und die Reaktionsgeschwindigkeit eine entsprechende Steigerung erfährt [5, 34-36, 124].

Die intraspezifische Konkurrenz, welche durch die Anzahl an Jungtieren pro Flächen- beziehungsweise Volumeneinheit zum Ausdruck gelangt, übt im Gegensatz zu den vorher genannten Faktoren einen vermehrt negativen Einfluss auf die Jugendentwicklung aus. Dieses Phänomen kann unter anderem damit erklärt werden, dass die Tiere infolge des Konkurrenzdruckes unter vermehrten Stress geraten, der sie dazu veranlasst, vor anderen Individuen Schutz zu suchen und die essenzielle Tätigkeit der Nahrungsaufnahme ein wenig in den Hintergrund zu stellen. Bei starker Konkurrenz kommt noch ein zeitweiliges und teilweise länger andauerndes Aussetzen der Ingestion hinzu, wodurch die Insekten in ihrer Entwicklung gestört werden können. Entsprechende Laborstudien sollten hier Klarheit bringen [34-36]. ■■■■

5 – DISKUSSION UND SCHLUSSFOLGERUNGEN

In der vorliegenden Monografie gelangten verschiedene Computermodelle zur Vorstellung, mit deren Hilfe unterschiedliche Phasen des Reproduktions- und Entwicklungszyklus hemimetaboler Insekten simuliert werden können. Anhand eines Fekunditätsmodells gilt es etwa, die Anzahl der vom Weibchen ablegten Eier zu prädizieren, während mathematische Näherungen der Embryo- und Nymphogenese in der Lage sind, Wachstumsverläufe des Keimes und des Jungtieres mit entsprechend hoher Akkuratesse nachzuzeichnen. Alle hier beschriebenen Approximationen bedienen sich spezifischer mathematischer Techniken und zeichnen sich durch ihren unterschiedlichen Grad an Komplexität aus, wobei generell regressive Ansätze von Kompartimentmodellen und Modellen mit interner Hierarchie (Submodell-Ansatz) unterschieden werden können (Kap. 1.2).

Bereits im frühen 20. Jahrhundert wurde in der biologischen Wissenschaft die Notwendigkeit zur Formulierung mathematischer Modelle erkannt, da man zahlreiche Prozesse nur in geringem Maße experimentell zu untersuchen vermochte und demzufolge deren vermehrte theoretische Deskription anstrebte. Gerade solche Vorgänge, welche sich im Körperinneren abspielten oder auf zellulärer beziehungsweise molekularer Basis abliefen, wurden oftmals mit den Mitteln der Mathematik erfasst. Dadurch kam es letztendlich auch insgesamt zu einer Erweiterung des Kenntnisstandes, der in der Folge immer wieder als Basis für die Schaffung neuer experimenteller und theoretischer Ansätze diente. In den 1920er Jahren erlebte die theoretische Biologie mit all ihren Modellen einen ersten Höhepunkt, wobei einzelne Disziplinen entsprechende Arbeitsgruppen ins Leben riefen und darin ihre eigenen Ansätze zur Simulation unterschiedlicher Phänomene kreierten. Dies hatte freilich einen exponentiellen Anstieg der Publikationsleistung und damit verbunden auch die Gründung neuer Periodika be-

5. Diskussion und Schlussfolgerungen

ziehungsweise die Verfassung zahlreicher Monografien zur Folge. Der Aufschwung der theoretischen Biologie setzte sich in den nachfolgenden Dekaden fort, wodurch dieser Wissenschaftszweig bis zum heutigen Tag nichts von seiner Attraktivität und Relevanz in vielen Forschungsbereichen verloren hat [5, 34-36, 123, 124].

Schon sehr früh gerieten die Reproduktions- und Entwicklungsprozesse verschiedener Tiergruppen in den Fokus der theoretischen Biologie. Jene hinter der Fortpflanzung und dem Wachstum der Organismen stehenden Vorgänge wurden zum damaligen Zeitpunkt nur zum Teil verstanden, da zahlreiche molekularbiologische und genetische Kenntnisse noch nicht vorhanden waren. Im Jahre 1927 entstand mit J. B. S. Haldanes Schrift zu Größe und Wachstum verschiedener Lebewesen ein Standardwerk, welches als Grundlage für zahlreiche theoretische Ansätze diente und erstmals die Begrifflichkeit der Allometrie verwendete. Darunter versteht man ganz allgemein die unterschiedlich rasche Größenzunahme einzelner Körperglieder eines Organismus. Die Allometrie stellt das genaue Gegenteil der Isometrie dar, bei der das Wachstum von Organen und Organsystemen gleichmäßig verläuft. Anhand der allometrischen Gleichung wird eine Beziehung zwischen Wachstumsverlauf eines Körperteils (z. B. Flügel oder Laufbein) und Längen- beziehungsweise Gewichtszunahme des gesamten Körpers hergestellt. Dieser mathematische Ansatz ist auch gegenwärtig noch von übergeordneter Bedeutung, da er die Grundlage für eine Vielzahl von Experimenten bildet und in standardisierter Form einen Vergleich unterschiedlicher Organismengruppen erlaubt [120, 122, 123].

In der Insektenkunde blicken Reproduktions- und Entwicklungsmodelle auf eine nahezu 100-jährige Tradition zurück. Zahlreiche Vertreter der Kerbtiere avancierten aufgrund ihrer leichten Züchtbarkeit und unkomplizierten Haltung schon sehr früh zu Modellorganismen, welche für vielerlei Versuche herangezogen wurden und einen erheblichen Beitrag zur stetigen Erweiterung des wissenschaftlichen Horizonts lieferten. Die mit Fortpflanzung und Wachstum verbundenen zellulären und molekularen Vorgänge vermochte man freilich zum da-

5. Diskussion und Schlussfolgerungen

maligen Zeitpunkt noch nicht im Detail nachzuzeichnen. Wie bereits in Kap. 2 dargelegt wurde, konzentrierte sich das anfängliche Interesse der theoretischen Entomologie vor allem auf die Berechnung der Entwicklungsdauer verschiedener Insekten, wobei hier wiederum das Larven- beziehungsweise Nymphenstadium vermehrt in den Blickpunkt geriet. Die mathematischen Ansätze berücksichtigen bereits die Wirkung der Umgebungstemperatur auf den Entwicklungsprozess, und zu diesem Zweck gelangte unter anderem die bis dahin nicht gebräuchliche Größe der Wärmesumme (Temperatur x Zeit) zur Definition. Die theoretischen Ansätze gelangten zu der fundamentalen Erkenntnis, dass die Entwicklungsdauer etlicher Insekten eine negative Korrelation mit der Wärmesumme bildet. Bei Unterschreiten einer gewissen von Spezies zu Spezies unterschiedlichen Temperaturschwelle gelangt die Entwicklung vollständig zum Erliegen (Entwicklungsnullpunkt), was wiederum zur Ausbildung eines Dauerstadiums führen kann. Neben einem unteren Schwellenwert gibt es auch noch eine obere Grenztemperatur, oberhalb welcher ein Stillstand des Entwicklungsprozesses eintritt [3, 5, 50-56].

Die zur Beschreibung der Fortpflanzung und Entwicklung verschiedener Insekten formulierten Modelle erfuhren im Laufe der Jahrzehnte und insbesondere ab den 1970er Jahren eine sukzessive Verbesserung und Zunahme der Vorhersagegenauigkeit. Dies ist vor allem dem Umstand zu verdanken, dass der Computer mit all seinen Rechenkapazitäten und sonstigen Vorzügen Einzug in die theoretische Biologie hielt. Dadurch war es plötzlich möglich geworden, komplexe mathematische Algorithmen, welche bei biochemischen und biophysikalischen Approximationen auf der Tagesordnung stehen, einer gezielten Bearbeitung zuzuführen. Heute hat die Anzahl jener mathematischen Ansätze und der ihnen zugrundeliegenden Computermodelle bereits ein zum Teil nicht mehr überblickbares Ausmaß erreicht. Da Insekten als wichtige Indikatoren des Klimawandels gelten und auch in vielen anderen ökologischen Fragen als Hauptprotagonisten auftreten, ist die genaue Kenntnis ihrer Entwicklungszyklen von unschätzbarem Wert.

5. Diskussion und Schlussfolgerungen

Dieses Wissen, welches unter anderem mit der Hilfe theoretischer Modelle produziert wurde, kann in den aktiven Artenschutz einfließen, aber auch zur Beschreibung klimabedingter Veränderungen des Ökosystems verwendet werden.

Das erste im Rahmen dieser Abhandlung vorgestellte Modell hat die reproduktive Kapazität weiblicher Hemimetabola zum Inhalt und erlaubt die Kalkulation unterschiedlicher Fekunditätsparameter. Als Grundlage für diese mathematische Approximation diente die Weibull-Verteilung, da jene den zeitlichen Verlauf der weiblichen Fekundität am besten nachzuzeichnen vermag. Wie in Kap. 2 ausführlich beschrieben wurde, zeichnet sich die Verteilung durch einen steilen Anstieg, einen Modus bei relativ niedrigen X-Werten und einen flacheren Abfall aus, so dass die Abszisse erst wieder bei hohen X-Werten geschnitten wird. Die Weibull-Verteilung ähnelt in ihrem Aussehen ein wenig der Log-Normalverteilung, ist jedoch in vielerlei Hinsicht leichter handhabbar, womit sie sich für Modellzwecke als geradezu ideal erweist. Am Beispiel verschiedener Grillenweibchen konnte demonstriert werden, dass der Fekunditätsverlauf (Anzahl abgelegter Eier pro Tag) durch ein Maximum innerhalb der ersten zehn Tage des Adultstadiums charakterisiert ist und bis zum Ableben des Tieres einer stetigen Reduktion unterliegt. Durch den Vergleich von theoretischen Prädiktionen mit entsprechenden Daten aus Laborversuchen konnte zudem die hohe Güte der Näherung mit zum Teil sehr guten Anpassungswerten (goodness-of-fit $R^2 > 95\%$) gezeigt werden. Auf Basis der positiven Validation des Modells wurden zahlreiche Simulationen vorgenommen, welche den Einfluss unterschiedlicher Umweltfaktoren auf die weibliche Fekundität zum Ausdruck bringen sollten. Dabei stellte sich in Übereinstimmung mit der wissenschaftlichen Literatur zu dem Thema heraus, dass manche Faktoren wie die Umgebungstemperatur positive Auswirkungen auf die reproduktive Kapazität haben, andere wie die intraspezifische Konkurrenz hingegen einen negativen Effekt. Obwohl das Modell den gegenwärtigen Wissensstand hinsichtlich Eiproduktion und Ablage der befruchteten Eizellen weitgehend aufzu-

5. Diskussion und Schlussfolgerungen

nehmen vermag, sind in Zukunft noch zahlreiche Verbesserungen und Verfeinerungen des Ansatzes vorzunehmen. Diese betreffen vor allem eine Ausweitung der Simulationen auf eine größere Gruppe hemimetaboler Insekten sowie die Implementierung einer umfassenden Fehlerrechnung, welche letztendlich zur Herleitung fundierterer Aussagen in Bezug auf das Fortpflanzungspotenzial der Weibchen befähigt.

Das in Kap. 3 vorgestellte Modell setzt sich mit der Embryonalentwicklung hemimetaboler Insekten und deren Beeinflussung durch externe Variablen auseinander. Für diesen Approxmation wurde der Kompartiment-Ansatz gewählt, bei dem Embryo und Dotterkörper als eigene Einheiten mit gegenseitigem Materieaustausch fungieren. Durch das Wachstum des Keimes erfolgt eine stetige Verringerung des als Energie und Nahrungsträger agierenden Dotterkörpers. Die Intensität des Stofftransfers zwischen den beiden Kompartimenten wird nach gegenwärtigem Stand der Dinge insbesondere durch die Umgebungstemperatur und die im Eiablagemedium vorherrschende Feuchtigkeit bestimmt. Wie an betreffender Stelle ausführlich zur Darstellung gelangte, erfolgt die mathematische Darstellung des Modells durch ein Set von Differentialgleichungen mit geeignet zu definierenden Transferraten. Letztendlich lässt sich der Wachstumsverlauf des Embryos innerhalb des von den Umweltparametern vorgegebenen Zeitintervalls simulieren, wobei die Wachstumsfunktion in der Regel eine sigmoidale (S-förmige) Gestalt annimmt. Obwohl die Approximation der Keimesentwicklung hemimetaboler Indekten noch ziemlich in ihren Kinderschuhen steckt, vermag man mit ihr aufgrund der positiven Validationsresultate bereits relativ akkurate Prädiktionen zu tätigen. Natürlich muss an dieser Stelle einschränkend festgehalten werden, dass das hier behandelte Embryogenese-Modell auf stark vereinfachten Annahmen beruht und hauptsächlich für im Labor gezüchtete Tiere konzipiert wurde, da sich unter künstlichen Bedingungen zahlreiche Komplikationen und Unsicherheiten beseitigen lassen. In der Natur erfährt die Embryonalentwicklung oftmals eine durch die Jahreszeit bedingte Pause oder wird durch zahlreiche biogene Faktoren (Einfluss von

5. Diskussion und Schlussfolgerungen

Pflanzen oder Mikroorganismen) beeinträchtigt. All diese Parameter sollen in vermehrtem Maße in zukünftige Modellgestaltungen einfließen, so dass die Keimesentwicklung hemimetaboler Insekten in all ihrer Komplexität zur Repräsentation gelangt.

Die theoretische Deskription der Nymphogenese findet in Kap. 4 ihre ausführliche Darstellung, wobei im gegebenen Fall aufgrund der Komplexität der Jugendentwicklung das Submodellkonzept zur Anwendung gelangte. Bei diesem werden einzelne im Rahmen der Nymphogenese ablaufende Vorgänge zunächst einer getrennten Betrachtung zugeführt und in weiterer Folge zu einem Gesamtmodell zusammengebaut. Diese Herangehensweise besitzt den Vorteil, dass für die einzelnen Submodelle zumeist recht simple mathematische Verfahren völlig ausreichend sind und eventuelle Erweiterungen des Gesamtansatzes durch Hinzufügung einer beliebigen Anzahl weiterer Submodelle erreicht werden können. Anhand des Submodellkonzeptes kann sehr deutlich zum Ausdruck gebracht werden, dass das Wachstums der Tiere innerhalb eines gegebenen Nymphenstadiums vom Entwicklungsverlauf im vorangegangenen Stadium beeinflusst wird. Dadurch ergeben sich hinsichtlich der gesamten Jugendentwicklung zahlreiche Variabilitäten, welche in vielen Fällen nur sehr schwer experimentell abgebildet werden können. Bei Annahme eines kontinuierlichen Wachstumsverlaufes lässt sich eine gute Übereinstimmung zwischen theoretischen Vorhersagen auf der einen Seite und Resultaten von Laborversuchen auf der anderen erzielen, wodurch letztendlich die Aussagekraft weiterführender Prädiktionen signifikant ansteigt. Grundsätzlich kann mithilfe der Näherung festgestellt werden, dass Ablauf und Dauer der Jugendentwicklung von einer Vielzahl an externen Faktoren gesteuert werden, unter denen der Umgebungstemperatur eine besondere Rolle zuteilwird. Das Modell vermag in seiner aktuellen Version bereits eine hohe Komplexität zu entwickeln, die jedoch den natürlichen Gegebenheiten mit ihren zum Teil unvorhersehbaren Ereignissen nur zum Teil gerecht wird und deshalb in Zukunft noch eine weitere Steigerung erfahren sollte. ■■■■■■■■■■■■■■■■■■■

6 – LITERATUR

[1] Wigglesworth, V.B. (1972): The principles of insect physiology. – London: Chapman & Hall.

[2] Weber, H. & Weidner, H. (1978): Grundriss der Insektenkunde. – Stuttgart: Gustav Fischer.

[3] Gewecke, M. (Ed.) (1995): Physiologie der Insekten. – Stuttgart, Jena, New York: Gustav Fischer.

[4] Chapman, R. F. (1998): The Insects. Structure and Function. – Cambridge: Cambridge University Press.

[5] Sturm, R. (2011): Ökophysiologische Studien an ausgewählten Orthopteren. – Saarbrücken: VDM.

[6] Alexander, R. D. (1957): The taxonomy of the field crickets of the eastern United States (Orthoptera: Gryllidae: *Acheta*). – Ann. Entomol. Soc. Am. 50: 584-602.

[7] Alexander, R. D. (1968): Life cycle origins, speciation, and related phenomena in crickets. – Quart. Rev. Biol. 43: 1-41.

[8] Anderson, D. T. (1972): The Development of Hemimetabolous Insects. – In: Counce, S. J. & Waddington, C. H. (Hrsg.), Developmental Systems: Insects, Volume I., pp. 165-242, London, New York: Academic Press.

[9] Anderson, D.T. (1975): Embryology and Phylogeny in Annelids and Arthropods. London: Pergamon Press.

[10] Sturm, R. (2003): The spermatophore of the black field cricket *Teleogryllus commodus* (Insecta: Orthoptera: Gryllidae): size, structure, and formation. – Ent. Abh. 61: 227-232.

[11] Sturm, R. (2010): Keimzellen im Paket geliefert – Mikroskopie der Spermatophore von Geradflüglern (Orthoptera). – Mikrokosmos 99: 8-12.

[12] Sturm, R. (2011): The effect of remating on sperm number in the spermatophores of *Teleogryllus commodus* (Gryllidae). – Inv. Biol. 130: 362-367.

6. Literatur

[13] Sturm, R. (2013): Dependence of spermatophore size and sperm number on body weight in various cricket species (Insecta, Orthoptera). – Linzer biol. Beitr. 45: 2127-2138.

[14] Sturm, R. (2014): Mikroskopischer Einblick in die Spermatogenese der australischen Feldgrille *Teleogryllus commodus* (Insecta, Orthoptera). – Mikroskopie 1: 142-148

[15] Sturm, R. (2014): Comparison of sperm number, spermatophore size, and body size in four cricket species. – J. Orthopt. Res. 23: 39-47.

[16] Hoffmann, K. H. (1973): Der Einfluss der Temperatur auf die chemische Zusammensetzung von Grillen (*Gryllus*, Orthopt.). – Oecologia 13: 147-175.

[17] Hoffmann, K. H. (1974): Wirkung von konstanten und tagesperiodisch alternierenden Temperaturen auf Lebensdauer, Nahrungsverwertung und Fertilität adulter *Gryllus bimaculatus*. – Oecologia 17: 39-54.

[18] Hoffmann, K. H. (1978): Thermoregulation bei Insekten. – Biol. in unserer Zeit 8: 16-27.

[19] May, M. L. (1979): Insect thermoregulation. – Annu. Rev. Entomol. 24: 313-349.

[20] Hoffmann, K. H., Behrens W. & Ressin, W. (1981): Effects of a daily temperature cycle on ecdysteroid and cyclic nucleotide titres in adult female crickets, *Gryllus bimaculatus*. – Physiol. Entomol. 7: 269-279.

[21] Behrens, W., Hoffmann, K. H., Kempa, S., Gäßler, S. & Merkel-Wallner, G. (1983): Effects of diurnal photoperiods and quickly oscillating temperatures on the development and reproduction of crickets, *Gryllus bimaculatus*. – Oecologia 59: 279-287.

[22] Hilbert, D. W. & Logan, J. A. (1983): Empirical model for nymphal development for the migratory grasshopper, *Melanoplus sanguinipes* (Orthoptera: Acrididae). – Environ. Entomol. 12: 1-5.

[23] Bachler S. (1995): Untersuchungen zur Fortpflanzungsbiologie der Grille *Teleogryllus commodus* Walker (1869). Die Stimulie-

rung der Eiproduktion und Eiablage durch die Paarung. – Diplomarbeit der Universität Salzburg.

[24] Sturm, R. (1999): Einfluß der Temperatur auf die Eibildung und Entwicklung von *Acheta domesticus* (L.) (Insecta: Orthoptera: Gryllidae). – Linzer biol. Beitr. 31: 731-737.

[25] Sturm, R. (2002): Einfluss der Temperatur auf die Embryonal- und Larvalentwicklung bei verschiedenen Grillenarten (Insecta: Orthoptera). – Linzer biol. Beitr. 34: 485-502.

[26] Chopard, L. (1938): La biologie des Orthoptères. Encyclopédie entomologique, Sèrie A, Vol. 20. – Paris: Paul Lechevalier.

[27] Clarke, K. U. (1967): Insects and temperatue. – In: Rose, A. H. (Hrsg.), Thermobiology, pp. 293-352, London, New York: Academic.

[28] Engelmann, F. (1970): The physiology of insect reproduction. – Oxford: Pergamon.

[29] Varley, G. C., Gradwell, G. R. & Hassel, M. P. (1980): Populationsökologie der Insekten. – Stutgart: Thieme-Verlag.

[30] Walker, T. J. & Masaki, S. (1989): Natural History. – In: Huber, F., Moore, T. E. & Loher, W. (Hrsg.), Cricket Behaviour and Neurobiology, pp. 1-42, Ithaca, London: Cornell University Press.

[31] Groepler, W. (1981): Das Experiment: Embryonalentwicklung Wanderheuschrecke. – Biol. in unserer Zeit 11: 91-94.

[32] Sturm, R. (2006): Vom Ei zum Adulttier - Mikroskopische Dokumentation der Keimes und Jugendentwicklung bei ausgewählten Grillenarten. – Mikrokosmos 95: 305-309.

[33] Sturm, R. (2003): Längen- und Gewichtsentwicklung der Larven verschiedener Grillenarten (Orthoptera: Gryllidae) vom Zeitpunkt des Ausschlüpfens bis zur Adulthäutung. – Linzer biol. Beitr. 35: 487498.

[34] Sturm, R. (2010): Experimente zur Nymphenentwicklung der australischen Feldgrille *Teleogryllus commodus* Walker 1869 (Insecta, Orthoptera). – Articulata 25: 45-57.

6. Literatur

[35] Sturm, R. (2016): Modeling larval growth of various cricket species. – Math. Comput. Biol. 5: 6.

[36] Sturm, R. & Pohlhammer, K. (2000): Morphology and development of the female accessory sex glands in the cricket *Teleogryllus commodus* (Saltatoria: Ensifera: Gryllidae). – Inv. Reprod. Dev. 38: 13-21.

[37] Sturm, R. (2002): Development of the accessory glands in the genital tract of female *Teleogryllus commodus* WALKER (Insecta, Orthoptera). – Arthropod Struc. Dev. 31: 231-241.

[38] Sturm, R. (2002): Morphology and ultrastructure of the female accessory sex glands in various crickets (Orthoptera, Saltatoria, Gryllidae). – D. Ent. Z. 49: 185-195.

[39] Sturm, R. (2003): Die akzessorischen Drüsen im Genitaltrakt der Weibchen von *Acheta domesticus* (L.) (Insecta, Orthoptera, Gryllidae): Lage, Morphologie und Funktion des produzierten Sekretes. – Articulata 18: 141-149.

[40] Sturm, R. (2005): Motoric activity of the receptacular complex in the cricket *Teleogryllus commodus* (Insecta: Orthoptera: Gryllidae). – Ent. Abh. 62: 185-192.

[41] Sturm, R. (2006): Mikroskopische Analyse des Insektenabdomens am Beispiel der australischen Feldgrille *Teleogryllus commodus*. – Mikrokosmos 95: 145-152.

[42] Sturm, R. (2007): Von der äußeren Morphologie zur zellulären Ultrastruktur – Mikroskopische und zeichnerische Dokumentation eines Insektenorgans. – Mikrokosmos 96: 281-288.

[43] Sturm, R. (2008): Morphology and histology of the ductus receptaculi and accessory glands in the reproductive tract of the female cricket, *Teleogryllus commodus*. – J. Insect Sci. 8: 1-11.

[44] Sturm, R. (2009): Morphology and histology of the reproductive system in females of the black field cricket *Teleogryllus commodus* Walker 1869 (Insecta: Orthoptera): a drawing study. – Linzer biol. Beitr. 41: 863-879.

6. Literatur

[45] Sturm, R. (2009): Lichtmikroskopische Studien zum weiblichen Reproduktionssystem bei der australischen Feldgrille *Teleogryllus commodus* Walker, 1869 (Orthoptera: Gryllidae). – Ent. Z. 119: 35-41.

[46] Sturm, R. (2012): Morphology and ultrastructure of the accessory glands in the female genital tract of the house cricket, *Acheta domesticus*. – J. Insect Sci. 12: 1-11.

[47] Sturm, R. (2016): Morphology and development of the accessory glands in various cricket species. – Arthropod Struc. Dev. 45: 585-593.

[48] Sturm, R. (2016). Studie eines Insektenorgans mithilfe unterschiedlicher licht- und elektronenmikroskopischer Verfahren. – Mikroskopie 3: 209-219.

[49] Pears, L. M. (1914): The relation of temperature to insect development. – J. Econ. Entomol. 7: 1974-1981.

[50] Janisch, E. (1925): Über die Temperaturabhängigkeit biologischer Vorgänge und ihre kurvenmäßige Analyse. – Pflügers Archiv 209: 414-436.

[51] Kaufmann, O. (1932): Einige Bemerkungen über den Einfluss von Temperaturschwankungen auf die Entwicklungsdauer und Streuung bei Insekten und seine graphische Darstellung durch Kettenlinie und Hyperbel. – Z. Morphol. Ökol. Tiere 25: 354-361.

[52] Ludwig, D. (1928): The effects of temperature on the development of an insect (*Popillia japonica* Newman). – Physiol. Zool. 1: 358-389.

[53] Ludwig, D. & Cable, R. M. (1933): The effect of alternating temperatures on the pupal development of *Drosophola melanogaster* Meigen. – Physiol. Zool. 6: 493-508.

[54] Precht, H. (1949): Temperaturabhängigkeit von Lebensprozessen. – Z. Naturforsch. 46: 26-35.

[55] Precht, H., Christophersen, J., Hensel, H. & Larcher, W. (1973): Temperature and life. – Berlin, Heidelberg, New York: Springer.

[56] Hoffmann, K. H. (1985): Environmental Physiology and Biochemistry of Insects. – Berlin, Heidelberg, New York, Tokio: Springer-Verlag.

[57] Fulton, B. B. (1915): The tree crickets of New York: life history and bionomics. – N. Y. Agric. Exp. Stn. Tech. Bull. 42: 1-47.

[58] Adkisson, P. L. (1961): Fecundity and longevity of the adult pink bollworm reared on natural and synthetic diets. – J. Econ. Entomol. 54: 1224-1227.

[59] Strong, F. E. & Sheldahl, J. A. (1970): The influence of temperature on longevity and fecundity in the bug *Lygus hesperus* (Hemiptera: Miridae). – Ann. Entomol. Soc. Am. 63: 1509-1515.

[60] Fuzeau-Braesch, S. (1975): Cycle de vie et évolution larvaire d'un grillon d'Algéerie. – C. R. Hebd. Seances Acad. Sci. Ser. D. Sci. Nat. 218: 1385-1388.

[61] Barker, J. F. & Herman, W. S. (1976): Effect of photoperiod and temperature on reproduction of the monarch butterfly, *Danaus plexippus*. – J. Insect Physiol. 22: 1565-1568.

[62] Archer, T. L., Musick, G. L. & Murray, R. L. (1980): Influence of temperature and moisture on black cutworm (Lepidoptera: Noctuidae) development and reproduction. – Can. Entomol. 112: 665-673.

[63] Bari, M. A. & Lange, W. H. (1980): Influence of temperature on the development, fecundity, and longevity of the artichoke plume moth. – Environ. Entomol. 9: 673-676.

[64] Moscardi, F., Barfield, C. S. & Allen, G. E. (1981): Effects of temperature on adult velvetbean caterpillar oviposition, egg hatch, and longevity. – Ann. Entomol. Soc. Am. 74: 167-171.

[65] Behrens, W. & Hoffmann, K. H. (1983): Effects of exogenous ecdysteroids on reproduction in crickets, *Gryllus bimaculatus*. – Int. J. Invertebr. Reprod. 6: 140-159.

[66] Blank, R. H., Olson, M. H. & Bell, D. S. (1985): Pasture production losses from black field cricket (*Teleogryllus comodus*) attack. – New Zealand J. Agricultural Res. 13: 375-383.

6. Literatur

[67] Murtaugh, M. P. & Denlinger, D. L. (1985): Physiological regulation of long-term oviposition in the house cricket, *Acheta domesticus*. – J. Insect Physiol. 31: 611-617.

[68] Tauber, M. J., Tauber, C. A. & Masaki, S. (1986): Seasonal adaptations of insects. – Oxford: Oxford University Press.

[69] Blank, R. H., Bell, D. S. & Olson, M. H. (1988): Black field cricket (*Teleogryllus commodus*) oviposition and egg survival. – New Zealand J. Agricultural Res. 31: 211-217.

[70] Jakobs, W. & Renner, M. (1988): Biologie und Ökologie der Insekten. – Stuttgart, New York: Gustav-Fischer Verlag.

[71] Loher, W. & Edson, K. (1973): The effect of mating on egg production and release in the cricket *Teleogryllus commodus*. – Entomologia experimentalis et applicata 16: 483-490.

[72] Logan, J. A., Wollkind, D. J., Hoyt, S. C. & Tanigoshi, L. K. (1976): An analytical model for description of temperature dependent rate phenomena in arthropods. – Environ. Entomol. 5: 113-114.

[73] Sharpe, O. J. H. & DeMichele, D. W. (1977): Reaction kinetics of poikilotherm development. – J. Theor. Biol. 64: 649-670.

[74] Loher, W. & Rence, B. (1978): The mating behaviour of *Teleogryllus commodus* (Walker) and its central and peripheral control. – Z. Tierpsychol. 46: 225-259.

[75] Loher, W. (1981): The effect of mating on female sexual behaviour of *Teleogryllus commodus* Walker. – Behav. Ecol. Sociobiol. 9: 219-225.

[76] Loher, W. (1987): Influence of the ovaries on JH titer in *Teleogryllus commodus*. – Insect Biochem. 17: 1099-1102.

[77] Sturm, R. (2006): Computermodell zur Simulation der Eiablage des Heimchens *Acheta domesticus* (L., 1758). – Articulata 21: 25-34.

[78] Sturm, R. (2010): Life time egg production in females of the cricket *Teleogryllus commodus* Walker 1869 (Insecta: Orthoptera): Experimental results and theoretical predictions. – Linzer biol. Beitr. 42: 803-815.

6. Literatur

[79] Sturm, R. (2015): Computer models in entomology: Predicting the daily fecundity of female *Acheta domesticus*. – Math. Comput. Biol. 4: 5.

[80] Sturm, R. (2016): Relationship between body size and reproductive capacity in females of the black field cricket (Orthoptera, Gryllidae). – Linzer biol. Beitr. 48: 1823-1834.

[81] Davidson, J. (1944): On the relationship between temperature and rate of development of insects at constant temperature. – J. Anim. Ecol. 13: 26-38.

[82] Eubank, W. P., Atmar, J. W. & Ellington, J. J. (1973): The significance and thermodynamics of fluctuating versus static thermal environments in *Heliothis zea* egg development rates. – Environ. Entomol. 2: 491-498.

[83] Edney, E. B. & McFarlane, J. (1974): The effects of temperature on transpiration in the desert cockroach, *Arenivaga investigata*, and *Periplaneta americana*. – Physiol. Zool. 47: 1-12.

[84] Egwuatu, R. I. & Ajibola-Taylor, T. (1977): The effects of constant and fluctuating temperatures on the development of Acanthomia tomentosicollis Stal. (Hemiptera, Coreidae). – J. Nat. Hist. 11: 601-608.

[85] Kindler, S. C. & Staples, R. (1970): The influence of fluctuating and constant temperatures, photoperiod, and soil moisture on the resistence of alfalfa to the spotted alfalfa aphid. – J. Econ. Entomol. 63: 1198-1201.

[86] Marzusch, K. (1952): Untersuchungen über die Temperaturabhängigkeit von Lebensprozessen bei Insekten unter besonderer Berücksichtigung winterschlafender Kartoffelkäfer. – Z. Vgl. Physiol. 34: 75-92.

[87] Ghouri, A. S. K. & McFarlane, J. E. (1958): Observations on the development of crickets. – Can. Entomol. 90: 158-165.

[88] Braune, H. J. (1971): Der Einfluss der Temperatur auf Eidiapause und Entwicklung von Weichwanzen (Heteroptera, Miridae). – Oecologia 8: 223-266.

6. Literatur

[89] King, E. G. & Martin, D. F. (1975): *Lixophaga diatraeae*: development at different constant temperatures. – Environ. Entomol. 4: 329-332.

[90] Matthee, J. J. (1978): The induction of diapause in eggs of *Locustana pardalina* (Acrididae) by high temperatures. – J. Entomol Soc. S. Afr. 41: 25-30.

[91] Laugé, G. & Launois, M. (1980): Effets de deux conditions photothérmoperiodique ou apériodique sur le criquet migrateur Malgache *Locusta migratoria capito* (Saussure) (Orthopt., Acrididae). – Ann. Soc. Entomol. Fr. 16: 221-231.

[92] Braune, H. J. (1980): Ökophysiologische Untersuchungen über die Steuerung der Eidiapause bei *Leptopterna dolobrata* (Heteroptera, Miridae). – Zool. Jb. Syst. 107: 32-112.

[93] Kingsolver, J. G. & Watt, W. B (1983): Thermoregulatory strategies in *Colias* butterflies: Thermal stress and the limits to adaptation in temporally varying environments. – Am. Nat. 121: 32-55.

[94] Sturm, R. (2008): Eiproduktion und Oviposition bei der australischen Feldgrille *Teleogryllus commodus* WALKER, 1869: Experimentelle Ergebnisse und Modellrechungen (Orthoptera: Ensifera, Gryllidae). – Entomol. Z. 118: 41-45.

[95] Sturm, R. (2017): Studien des embryonalen Wachstums von Grillen (Insecta: Orthoptera): Experimentelle und theoretische Ergebnisse. – Articulata 32: 39-48.

[96] Sturm, R. (2017): Embryonic growth of hemimetabolous insects: experimental data and theoretical predictions. – Math. Comput. Biol. 7: 3.

[97] Brunet, P. C. J. (1952): The formation of the ootheca by *Periplaneta americana* (L.). The structure and function of the left colleterial gland. – Quart. J. Microsc. Sci. 93: 47-69.

[98] Lin, S., Hodson, A. C. & Richards, A. G. (1954): An analysis of threshold temperature for development of *Oncopeltus* and *Tribolium* eggs. – Physiol. Zool. 27: 287-311.

6. Literatur

[99] Britz, L. & Höhne, W. (1955): Temperaturschwankung und Entwicklungsgeschwindigkeit bei *Anopheles atroparvus* (Diptera, Culicidae). – Z. Angew. Zool. 42: 208-234.

[100] Sharov, A. G. (1971): Phylogeny of the Orthopteroidea, Reprint. – Jerusalem: Israel Program for Scientific Translations.

[101] Beach, R. F. & Craig, G. B. (1979): Photo inhibition of diapause in field populations of *Aedes atropalpus*. – Environ. Entomol. 8: 392-396.

[102] Braune, H. J. (1980): Ökophysiologische Untersuchungen über die Steuerung der Eidiapause bei *Leptopterna dolobrata* (Heteroptera, Miridae). – Zool. Jb. Syst. 107: 32-112.

[103] Zalucki, M. P. (1982): Temperature and rate of development in *Danaus plexippus* L. and *D. chrysippus* L. (Lepidoptera: Nymphalidae). – J. Aust. Entomol. Soc. 21: 241-246.

[104] Haderspeck, W. & Hoffmann, K. H. (1990): Effects of photoperiod and temperature on development and reproduction of *Hydromedion sparsutum* (Müller) (Coleoptera, Perimylopidae) from South Georgia (Subantarctic). – Oecologia 83: 99-104.

[105] Liu, Y., Maas, A. & Waloszek, D. (2010): Early embryonic development of the head region of *Gryllus assimilis* Fabricius, 1775 (Orthoptera, Insecta). – Arthropod Struc. Dev. 39: 382-395.

[106] Spencer-Davis, P. & Tribe, M. A. (1969): Temperature dependence of metabolic rate in animals. – Nature 224: 723-724.

[107] Smith, A. G. & Harrow, K. M. (1971): Black field cricket survival factors. – New Zealand J. Agriculture 122: 52-54.

[108] Masaki, S., Ando, Y. & Watanabe A. (1979): High temperature and diapause termination in the eggs of *Teleogryllus commodus* (Orhtoptera: Gryllidae). – Kontyu 47: 493-504.

[109] Hebard, M. (1920): A revision of the North American species *Myrmecophila* (Orthoptera: Gryllidae: Myrmecophilinae). – Trans. Am. Entomol. Soc. (Philadelphia) 46: 91-111.

[110] Zwölfer, W. (1935): Die Temperaturabhängigkeit der Entwicklung der Nonne (*Lymantria monacha* L.) und ihre Bevölkerungs-

wissenschaftliche Auswertung. – Z. Angew. Entomol. 21: 333-384.

[111] Ferkau, G. (1972): Das Wachstum der Larven von *Gryllus bimaculatus* in Abhängigkeit von Futter und Temperatur. – Staatsexamensarbeit, Erlangen, 123 pp.

[112] Schramm, U. (1972): Temperature-food interaction in herbivorous insects. – Oecologia 9: 399-402.

[113] McNeill, S. (1973): The dynamics of a population of *Leptoterna dolabrata* (Heteroptera: Miridae) in relation to ist food resources. – J. Anim. Ecol. 42: 495-507.

[114] Merkel, G. (1977): The effects of temperature and food quality on the larval development of *Gryllus bimaculatus* (Orthoptera, Gryllidae). – Oecologia 30: 129-140.

[115] Anders, G., Drawert, F., Anders, A. & Reuther, K. H. (1964): Über kausale Zusammenhänge zwischen der Zuchttemperatur, dem Aminosäure-Pool und einigen quantitativen morphologischen Phänen bei *Drosophila melanogaster*. – Z. Naturforsch. 196: 495-499.

[116] Burr, M. J. & Hunter, A. S. (1970): Effects of temperature on Drosophila-VII. Glutamate-aspartate transaminase activity. – Comp. Biochem. Physiol. 37: 251-256.

[117] Nijhout, H. F. (1981): Physiological control of moulting in insects. – Am. Zool. 21: 631-640.

[118] Porcheron, P., Papillon, M. & Baehr, J. C. (1982): Hormonal levels and protein variations during sexual maturation of *Schistocerca gregaria*; effect of rearing temperature. – Experimentia 38: 970-972.

[119] Hoffmann, K. H. (1986): Endokrine Kontrolle der Fortpflanzung bei Insekten. – Biol. in unserer Zeit 16: 136-142.

[120] Nijhout, H. F. (2003): The control of body size in insects. – Dev. Biol. 261: 1-9.

[121] Slama, K. (1976): Insect haemolymph pressure and its determination. – Acta Entomol. Bohemoslov 73: 65-75.

6. Literatur

[122] Stern, D. (2003): Body-size control: how an insect knows it has grown enough. – Curr. Biol. 13: R267-R269.

[123] Shingleton, A. W., Frankino, W. A., Flatt, T., Nijhout, H. F. & Emlen, D. J. (2008): Size and shape: the developmental regulation of static allometry in insects. – BioEssays 29: 536-548.

[124] Sturm, R. (2016): Mathematische Modelle in der Biologie. – Naturw. Rdsch. 69: 500-504.

[125] Stinner, R. E., Gutierez, A. P. & Butler Jr., G. D. (1974): An algorithm for temperature-dependent growth rate simulation. – Can. Entomol.106: 519-524.

[126] Logan, J. A., Wollkind, D. J, Hoyt, S. C. & Tanigoshi, L. K. (1976): An analytical model for description of temperature dependent rate phenomena in arthropods. – Env. Entomol. 5: 1133-1140.

[127] Harcourt, D. C. & Yee, J. M. (1982): Polynomial algorithm for predicting the duration of insect life stages. – Env. Entomol. 11: 581-584.

[128] Lactin, D. J., Holliday, N. J., Johnson, D. L. & Craigen, R. (1995): Improved rate model of temperature-dependent development by arthropods. – Env. Entomol. 24: 68-75.

[129] Briere, J. F., Pracros, P., Le Roux, A. Y. & Pierre, J. S. (1999): A novel rate model of temperature-dependent development for arthropods. – Env. Entomol. 28: 22-29.

[130] Damos, P. T. & Savopoulou-Soultani, M. (2008): Temperature dependent bionomics and modeling of *Anarsia lineatella* (Lepidoptera: Gelechiidae) in the laboratory. – J. Econ. Entomol. 101: 1557-1567.

[131] Damos, P. T. & Savopoulou-Soultani, M. (2012): Temperature-driven models for insect development and vital thermal requirements. – Psyche 2012: 1-13.

[132] Phillip, J. S. & Watson, T. F. (1971): Influence of temperature on population growth of the pink bollworm, *Pectinophora gossypiella* (Lepidoptera: Gelechiidae). – Ann. Entomol. Soc. Am. 64: 334-340.

6. Literatur

[133] Neumann, D. & Heimbach, P. (1975): Das Wachstum des Kohlweißlings bei konstanten und tagesperiodisch wechselnden Temperaturen. – Oecologia 20: 135-141.

[134] Welbers, P. (1975): Der Einfluss von tagesperiodischen Wechseltemperaturen bei der Motte Pectinophora. 1. Entwicklungsdauer, Larvengewicht und Reproduktionsrate. – Oecologia 18: 31-42.

[135] Tsitsipis, J. A. (1980): Effect of constant temperatures on larval and pupal development of olive fruit flies reared on artificial diet. Environ. Entomol. 9: 764-768.

[136] Beckwith, R. C. (1982): Effects of constant laboratory temperatures on the Douglas-fir tussock moth (Lepidoptera: Lymantriidae). – Environ. Entomol. 11: 1159-1163.

[137] Furukawa, H. (1970): Two new interesting genera and species of crickets of Japan (Orthoptera). – Kontyu 38: 59-66.

[138] Hadley, N. F. (1972): Desert species and adaptation. Am. Sci. 60: 338-347.

[139] Stockmeier, E. (1973): Der Einfluss von Cholesterin und Fettsäuren in der Diät auf Wachstum, Vorzugstemperatur und Zusammensetzung der Lipidklassen von *Gryllus bimaculatus* bei zwei verschiedenen Haltungstemperaturen. – Staatsexamensarbeit, Erlangen.

[140] Block, W. & Young, S. R. (1978): Metabolic adaptations of Antarctic terrestrial micro-anthropods. – Comp. Biochem. Physiol. 61A: 363-368.

[141] Hammond, R. B., Poston, F. L. & Pedigo, L. B. (1979): Growth of the green gloverworm and a thermal unit system for development. – Environ. Entomol. 8: 636-642.

[142] Papillon, M., Porcheron, P. & Baehr, J. C. (1980): Effects de la température d'élevage sur la croissance et l'équilibre hormonal de *Schistocerca gregaria* au cours de deux derniers stades larvaires. – Experientia 36: 419-422.

6. Literatur

[143] Schmidt, G. H. (1981): Growth and behaviour of *Acrotylus patruelis* (H.-S.) larvae in temperature gradients under laboratory conditions. – Zool. Anz. 206: 11-25.

[144] Block, W. & Somme, L. (1983): Low temperature adaptations in beetles from the sub-antarctic Island of South Georgia. – Polar Biol. 2: 109-114.

[145] Haderspeck, W. & Hoffmann, K. H. (1983): Temperaturanpassung bei Verdauungsenzymen eines antarktischen Käfers. – Verh. Dtsch. Zool. Ges. 1983: 285.

[146] Mellors, W. K. & Bassow, F. E. (1983): Temperature-dependent development of Mexican bean beetle (Coleoptera: Coccinellidae) on snapbean and soybean foliage. – Ann. Entomol. Soc. Am. 76: 692-698.

[147] Woodring, J. P. (1983): Control of moulting in the house cricket, *Acheta domesticus*. – J. Insect Physiol. 29: 461-464.

[148] Roe, R. M., Clifford, C. W. & Woodring, J. P. (1985): The effect of temperature on energy distribution during the last-larval stadium of the female house cricket, *Acheta domesticus*. – J. Insect Physiol. 31: 371-378.

[149] Kaufman, M. G., Klug, M. J. & Merritt, R. W. (1989): Growth and food utilization parameters of germ-free house cickets, *Acheta domesticus*. – J. Insect Physol. 35: 957-967.

[150] Ibler, B., Makert, G. R. & Lorenz, M. W. (2009): Zu Larval-, Adultentwicklung und Organisation einer Zucht der Mittelmeer-Feldgrille (*Gryllus bimaculatus* de Geer, 1773). – Der Zool. Garten 78: 81-101.

www.ingramcontent.com/pod-product-compliance
Lightning Source LLC
Chambersburg PA
CBHW070302230526
45470CB00002B/685